Osprey Aircraft of the Aces

P-47 Thunderbolt Aces of the Eighth Air Force

Jerry Scutts

Osprey Aircraft of the Aces
オスプレイ・ミリタリー・シリーズ
「世界の戦闘機エース」
12

第8航空軍の
P-47サンダーボルトエース

［著者］
ジェリー・スカッツ
［訳者］
武田秀夫

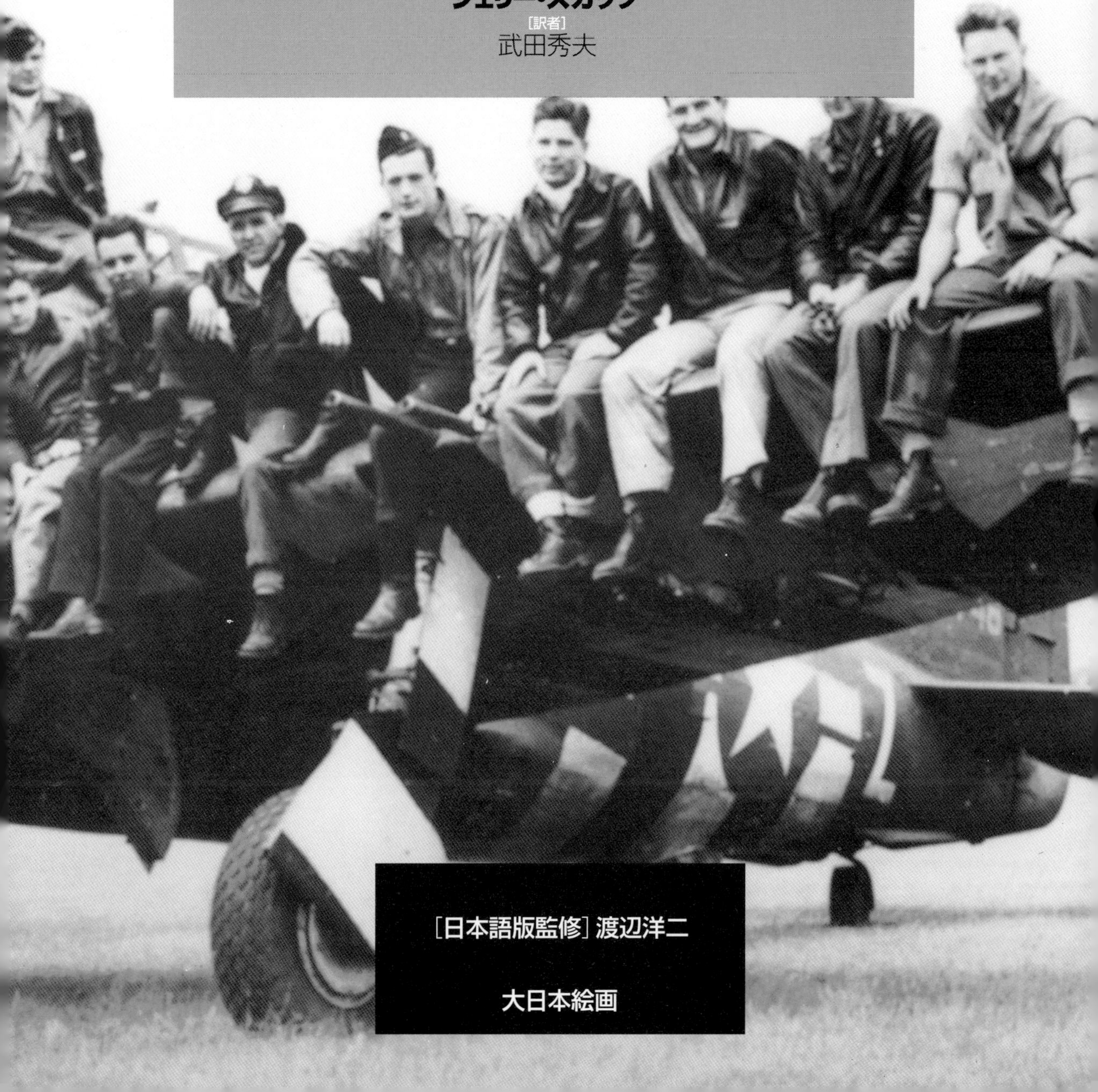

［日本語版監修］渡辺洋二

大日本絵画

カバー・イラスト／イアン・ワイリー
カラー塗装図／クリス・デイヴィー
フィギュア・イラスト／マイク・チャペル(解説／I・J・フィリップス)
スケール・イラスト／マーク・スタイリング

カバー・イラスト解説

1944年12月23日、ヒットラーのアルデンヌにおける攻勢を封じるべく、緊急指令にもとづいて第8航空軍の爆撃機が全機出撃した。第56戦闘航空群司令のデイヴ・シリング大佐は、爆撃機護衛のため、56機のP-47を引き連れてオランダ経由でドイツに侵入、1145時、90機を超えるドイツ空軍第4、第11、第27、第54戦闘航空団(JG)のFw190、Bf109から成る大集団と遭遇した。以下はシリングの戦闘報告の抜粋である(イラストはこの日シリングが乗った専用機P-47D-25 42-26641。カウリングの絵は人気コミックのキャラクター「ハゲのジョー」)。

「敵に向かってエンジン全開で直進していったん上昇、敵編隊を外から取り囲むように左へ旋回しながらゆっくり高度を下げ、あとは我々4機が一斉に左へ向きを変えれば、そのまま射撃に移れる態勢に入った。私は編隊のいちばんうしろのMe109を辛うじて照準器にとらえ、700ヤード[640m]の距離から20度の角度で射撃すると、胴体左側全体にわたり大量の弾丸が命中、左にグラッと傾くのが見えた。次に、そのすぐ前かそのまた前か憶えていないが、ちょうどいい位置にきた奴を射撃すると、途端に火と煙を噴き始めた。この時最初に射撃したMe109が私のすぐ前左下の位置にきて、見るとこれも火と煙が出ていた。3番目は約1000ヤード[910m]から射撃したが、右へ急降下して逃げられ失敗した。しかし追いかけて、17000フィート[5200m]の高度で500ヤード[460m]に接近して射撃すると、今度は見事に命中してパイロットが脱出した。

「これで仲間から完全に離れてしまったところへ、第63戦闘飛行隊のカムストック少佐が苦戦して応援を求める声が聞こえた。大体の見当でそちらへ移動しようとした時、1000フィート[300m]ほど下に左へ旋回中の35機ないし40機のFw190の集団が見えた。それを攻撃することに決めて、さきほどと同じ手を使ってやや上方左側500ヤードの距離から1機を射撃すると、これも火が出て左にくるっと傾くのが見えた。次いでその先にいた次の奴を狙うと、たしかに少し命中したはずなのに急横転して逃げられてしまったが、1〜2分追跡して、やっとのことで300ヤード[270m]まで距離をつめた。苦労してつかまえた敵だから逃がすまいと思って、左上から5秒間も撃ち続けたが、その間に敵はまた急な運動をして、こちらのエンジンカウルの陰に隠れてしまった。しかし手応えは充分だったからそのまま追っていくと、ベイルアウトするパイロットの姿が見え、機体のほうは煙と炎を吹いて左へスピンしながら落ちていき、およそ15000フィート[4500m]の高度で爆発した。

「気がつくと近くに第63戦闘飛行隊のサンダーボルトが見えたので、無線で指示して合流してもらった。すると今度は1000フィート上空に西に移動中の35機ないし40機のFw190が見え、そっとうしろに回るつもりで旋回しながら上昇を始めたら途端に見つかって、急降下して逃げるしかなくなった。しかしそうする前に、ひょっとしていちばんうしろの奴を攻撃できるかもしれないと考え、行動を起こそうとしたら、さっきまで一緒だった僚機がやや離れたところから敵2機に追われていると知らせてきた。そっちを見ると、どうやら命中弾を浴びたらしい。垂直エルロンロールで低空まで降りろと指示しているうちに、今度は私のうしろにも2機が迫ってきたので、こっちもロールしながら全開で急降下した。引き起こした時は、敵とは1マイル[1.6km]以上離れていたので、もう大丈夫と思い、大急ぎで8000フィート[2400m]まで上昇した」

イラストは、シリングが4機目を撃墜したシーンを示す。シリングがこの42-26641で撃墜を記録したのは、この日だけだった。またこの日、ヨーロッパ戦末期における最後の大規模な空戦で、第56戦闘航空群は敵34機を撃墜した。

カバー写真解説

「ギャビー」・ガブレスキーが最後に使った専用機P-47D-25 42-26418の左翼の弾倉に機銃弾を装填する、整備担当のジョー・ディフランザ(手前)、ジョン・コバル両上等兵。ガブレスキーは1944年7月20日、この機体を操縦して地上攻撃中に墜落した。銃弾の混載比率はパイロットの指定に従うのがきまりだが、ガブレスキーはいつもAPI(徹甲焼夷弾)を多目に混ぜるのを好んだという。(USAF)

前頁見開き写真解説

迷彩塗装を施したP-47Dをバックに、全員で記念撮影におさまる第56戦闘航空群第62戦闘飛行隊の隊員たち。1944年末の撮影。(Tony Garner)

凡例

■本書に登場する各国の軍事航空組織については、以下のような日本語訳を与えた。
米陸軍航空隊(USAAF=United States Army Air Force)
Air Force→航空軍、Air Division→航空師団、Command→集団、Wing→航空団、Group→航空群、
Squadron→飛行隊
英空軍(RAF=Royal Air Force)
Squadron→飛行隊
ドイツ空軍(Luftwaffe)
Geschwader→航空団
Jagdgeschwader(JGと略称)→戦闘航空団(例:JG26→第26戦闘航空団)
■訳者注、日本語版編集部注、監修者注は[ ]内に記した。

日本語版覚え書き

今日、一般に「Bf109」と表記される機体は戦中は「Me109」と呼称されていた。本書でも、当時書かれた文書、パイロットの証言からの引用に現れた場合は原文を尊重し、あえて「Bf109」に統一はしなかった。また、本書に記載されているパイロットの最終戦果について、本シリーズ既刊「第二次大戦のポーランド人戦闘機エース」と数字の異なる部分があるが、原書のママとした。

翻訳にあたっては「Osprey Aircraft of the Aces 24 P-47 Thunderbolt Aces of the Eighth Air Force」の1998年に刊行された初版を底本としました。[編集部]

目次 contents

chapter 1

戦闘開始

early days

1943年の春の訪れとともに、英国本土の各基地に展開した米陸軍第8航空軍の第4、第56、第78戦闘航空群が、P-47サンダーボルト戦闘機を使って訓練飛行を開始した。このうちデブデンに駐留する第4戦闘航空群だけは、前年の9月からスピットファイアで実戦に参加していたが、それを含め、傘下の戦闘航空群の保有機を全部アメリカ製戦闘機に統一するのが、第8航空軍爆撃作戦担当参謀たちが描いた夢だった。ヨーロッパの奥深く、ドイツ本土へ昼間爆撃に向かうB-17やB-24の編隊を、P-47で護るにはどのような戦法をとるべきか、具体的にはまだ何も決まっていなかったが(この護衛戦法については同年一杯試行錯誤が続くことになる)、少なくとも長距離の護衛(エスコート)にP-47が最適なことは、疑問の余地がなかった。

米軍重爆撃機の護衛は、これまでスピットファイアMkIXが一手に引き受けていたが、悲しいことに航続距離が短いためパリまでが精一杯で、それから先へは行けなかった。そこへスピットファイアと性能が互角で、航続距離が大幅とはいかなくても少しはまさるP-47を投入すれば、事態は確実に改善されるであろう。英空軍には英本土寄りの空域において、出撃ないし帰還途上の米軍重爆撃機と中型爆撃機を護衛する、重要な役割を担当してもらえばいい。

英国に展開した米戦闘機部隊のうち、実戦の経験があるのは上述の通り第4戦闘航空群だけだった。第二次大戦の初期にアメリカがまだ中立だったころ、アメリカ人義勇兵によって英空軍内に組織された「イーグル」飛行隊から発展したこの航空群は、それなりにプライドが高かった。だから大柄でずんぐりしたサ

最初のP-47C型がイギリスに到着した時、それがヨーロッパで果たすべき役割については、ただ漠然と爆撃機の護衛と定義されただけで、それ以上何も決まっていなかった。機体のコードレターもご覧の通りお粗末で、何をどう書いたらいいのか、だれも真剣に考えていない証拠といえた。結局コードレターは2文字で飛行隊を、1文字でその機体を割り当てた個人を表す、きわめてわかりやすい英空軍方式に落ち着くことになるが、いっぽうで垂直尾翼の数字で記入する機体識別記号は、写真の米陸軍航空隊オリジナル方式がそのまま残った。この写真は1943年春、P-47C-5(41-6209)を報道関係者に公開した時撮影されたもので、欧州戦線で活躍した初期のサンダーボルトを特徴づける、機首、垂直尾翼、および水平尾翼の白色識別塗装がすでに施されている。米軍の星のマーク周囲にある縁どりは、この時点での標準の黄色。胴体には小さ目の数字で3桁の識別コードが記入されている。最初のサンダーボルトが到着したころは、イギリスに駐留する米軍戦闘機部隊は第4戦闘航空群しかなく、当然この機体も同航空群の所属だった。

ンダーボルトが初めて基地に姿を見せた時、この誇り高き「デブデンの鷲」たちは一様にうさんくさい目つきでこれを眺め、こんな戦闘機でドイツ空軍（ルフトヴァッフェ）の細身で、敏捷で、その上重武装のBf109やFw190にはとても太刀打ちできまい、などと公言してはばからなかった。英軍パイロットも似たような反応を示した。

サンダーボルトで爆撃機護衛の任務を遂行すべしとの命令が第4航空群に届いたのは、1942年12月のことだった。あまり遠くへ行けないスピットファイアで、単調な哨戒飛行を繰り返すだけの毎日にうんざりしていた一部のパイロットには、これは朗報だった。もうこのころには、特定の目標を攻撃する「ルバーブ」任務とか、中型爆撃機の護衛といった張りのある仕事は、ほんのたまにしか回ってこない状況になっていたからだ。そしてやがてP-47が次々に到着して、充分な数が揃うのを待って転換訓練が開始され、それが終った時は早くも4月になっていた。

この実戦にそなえた準備段階で、敵味方の識別が問題になった。第8航空軍付きの英空軍連絡将校が、同じ空冷エンジンのP-47とフォッケウルフFw190は外観が非常に似通っているから、同士討ちを防ぐために、機首と尾翼を白く塗った方がよいと言い出したのである。この案はそのまま採用されて、塗装が始まったのが2月6日だった。この鮮明な識別塗装のおかげで、どれだけ多くの米軍パイロットが、味方爆撃機の機銃弾を浴びずに命拾いしただろうか。なにしろ爆撃機の射手ときたら、何かが近づいてきたらまず射撃して、それから「はて、今のは敵だったかな、味方だったかな」と考えるという、とんでもなく危険な連中なのだ。

同じP-47の部隊でありながら、第56戦闘航空群は第4戦闘航空群とはかなり趣を異にしていた。第4航空群が、先に述べたようにすでに実戦を経験した意味で先駆者だったとすれば、第56航空群は、どの部隊よりも先に米本土でP-47に転換した、いわば使い勝手を知る点での先輩だった。P-47のメーカーであるリパブリック社に協力して、初期の量産機を使ってテストを重ね、P-47の性能をドイツ空軍と太刀打ちできるレベルまで高める困難な仕事を引き受けたのも、彼らだった。そしてそれまでの米国製の戦闘機がそのレベルからほど遠かったこともあって、彼らは大のサンダーボルト贔屓（ひいき）になっていた。

3番目の第78戦闘航空群はというと、米本土で訓練を積んだ点は第56と同じだが、機種が違っていた。彼らはP-38ライトニングで訓練を受けたのである。ところが英国に派遣されてやってきたら、P-47に乗れという。この命令に対する隊員の反応はさまざまだったが、当初の大勢はP-47に対して懐疑的で、ロッキード製双発戦闘機の肩をもつ者が多かった。この状況は実戦が始まるとすぐ消失してしまったが、彼らがどう思おうと、第78航空群に配備するだけの充分な数のP-38がなかったから、仕方がなかった。ただ軍の上層部には、欧州での爆撃機の援護にはライトニングの方が適しているという考え方が、後々まで残っていたといわれる（このへんの詳しい事情は、Osprey Aircraft of the Aces 19—— P-38 Lightning Aces of the ETO/MTOを参照されたい）。

各戦闘航空群とも、P-47Cに3文字のコードレターを記して個々のパイロットに専用機として割り当てたが、それを受領したパイロットは、すでにこの写真にも何機か写っている通り、待ってましたとばかりノーズアートを描き込んだ。これは軍が宣伝用に撮らせた写真で、編隊飛行をしているのは第56戦闘航空群第62戦闘飛行隊のサンダーボルト。手前のP-47C-5 LM-O（41-6347）に乗っているのはユージン・「ジーン」・オニール大尉で、彼は1941年12月、当時の第56追撃航空群第62追撃飛行隊に入隊し、欧州戦線では1944年2月20日に初回前線勤務を終えるまでに200回出撃し、4.5機を撃墜した（一般に5.0機とされているのは誤り）。そのうちの3.5機が、写真の機体による戦果だった。

これから先しばしば護衛することになるであろう爆撃機との協同飛行訓練に励む、第62戦闘飛行隊のサンダーボルトP-47C-5(41-6342)。爆撃機の機銃射手が誤って味方戦闘機を射撃しないよう充分慣れさせるには、こうして一緒に飛ぶ訓練を積むしか方法がなかった。機首と尾翼の白色の帯は遠くからよく見えるので、敵味方識別には有効だった。カメラマンが乗る手前の爆撃機はB-24。これも前頁と連続する米軍撮影の写真である。(via M Bowman)

こうしてスタートを切った各戦闘航空群は、年の始めの何十日かを費やして、50時間と規定されている慣熟訓練の消化に励んだ。時間をかければ、人間の方は新しい道具に慣れるものだが、その道具、すなわち初期のP-47C型に残っていた未解決の技術的な問題点は、パイロットの手にあまるものばかりだった。障害はほかにもあった。英国にくらべて嘘のように天気がいいアメリカで訓練を受けた米軍飛行士たちは、どっしり腰を据えて動こうとしない厚い雲や、いつ終わるとも知れぬ氷のような雨、信じられぬほどの濃い霧に大いに戸惑った。そして単座戦闘機を操縦する孤独なパイロットが、もしもしっかりした航法技術と編隊飛行術を身につけていなかったら、こういったものがたちまちドイツ空軍に劣らぬ危険な敵となって襲いかかってくることを、身をもって学ぶしかなかった。実際訓練中の悪天候による事故は、戦争が終わるまで絶えることなく続くのである。

初期のP-47につきまとった最大の問題点、無線装置とエンジンの不具合は、2月末に大筋としては解決した。これで人間よりひと足先に、飛行機の方が出撃可能になったと見なされたが、実際には続々と到着する後続のP-47を全部最新仕様に変更する膨大な仕事が残っていて、事情を知らない者が見たら、もう出撃が始まったかと勘違いしそうなくらい、整備員にとっては多忙な日が続いた。

大きな問題が解決しても、こまかい問題がまだたくさん残っていた。しかし無線通話に絶えず交じるブーン、ガリガリという雑音、特定の状況で突然調子を乱すプラット&ホイットニー・エンジンの困った癖、低空でまったく冴えないサンダーボルトの動力性能などを、みんながあまり神経質にならずに受け容れるようになっていった。ただ高速で急降下した時に「空気の圧縮性」によって操縦不能に陥る危険だけは、しっかり頭に叩き込むだけでだれも進んで体験しようとはしなかった。

この出撃前の最終段階で、第8航空軍とリパブリックの技術者たちは、P-47をヨーロッパ戦域に適した戦闘機として完成させるために、絶大な努力を傾けた。それがあってこそ4月以降の実戦で、サンダーボルトが大いに力を発揮できたのである。

武装に関して、P-47Cは文句なしに強力だった。1挺当たりの携行弾数が425発の .50インチ(12.7mm)口径ブローニング機銃8挺は、総合火力の点で機

第二次大戦中、米陸軍航空隊で大はやりしたノーズアートは、本来のマーキングがかすんで見えるほど派手なものが多かった。写真はノーズアートを画いた専用機P-47Cの上で、愛犬「スリップストリーム」とともにポーズをとる第56戦闘航空群第63戦闘飛行隊のW・J・オコナー中尉。場所はホースハム・セントフェース。

関砲をそなえた戦闘機に匹敵した。米軍パイロットのなかには、8挺は多すぎだと唱える者もいたが、これは余分な重量を少しでも削りたい願望から生まれたものに違いなかった。たしかにP-47は正真正銘の重量級戦闘機で、全備重量が14925ポンド[6776kg]と聞くと、たいていの者はびっくり仰天した。いずれにしてもこの機銃の数に関する議論はまったく真面目なもので、「アメリカのパイロットは射撃が下手で、だからリパブリックの設計者が機銃をたくさん搭載した」といった種類の冗談とは一線を画するものであることを、断っておかなければならない。

パイロットがP-47を好きになるかどうかは、以前乗っていた飛行機が何であったかに大いに左右されるらしく、その傾向がもっとも顕著に現れたのが第4戦闘航空群だった。以前がスピットファイアで、しかもそれで実戦まで経験した結果、大多数のパイロットがスピットファイアこそ最高の戦闘機といまだに固く信じているのだ。たしかにP-47はスピットファイアとはまるで違っていた。だが違うことは、良し悪しとは直接関係がないのである。

早い話が、P-47C は高度30000フィート(9150m)まで上昇するのに20分もかかるが、スピットファイアMkⅨなら7分半も短くてすむ。だったら、実戦でいち早く上昇しなければならない場面に遭遇した時、サンダーボルトはまるで役に立たないかというと、そんなことはないのである。これは許容できる範囲の欠点であって、実戦でさほど大きな弱みにはならなかった。どんな飛行機にも欠点はあるのだ。

P-47の真価を率直に認めようとしない動きは、ほかにもあった。第8航空軍はこの時期になっても、昼間爆撃に向かう米軍爆撃機にとって、戦闘機の護

イギリス駐留の米戦闘機部隊は当初英空軍にならって、どちらかといえば旧式な編隊形を採用した。しかし、それではドイツ空軍に勝てないと悟り、より実戦向きの編隊形を独自に模索した結果、写真の「フィンガー・フォア」に落ち着いた。実戦ではリーダーとウイングマンの2機コンビが編隊の最小構成単位となり、両者の密接な協力が欠かせない。

衛がいかに重要な意味をもつかを、正しく認識しきれずにいた。爆撃航空群司令のなかには、密集編隊を組んで防御力を高めれば、戦闘機の護衛など必要ないとかたくなに主張する者がまだいたし、第8航空軍総司令官のフランク・オデール・ハンター将軍自身でさえ、元々戦闘機乗りでなかったこともあって、この種の意見に傾いていた。もっとも彼の指揮下にあったP-47Cが、この時点ではまだパリのちょっと先までしか行けなかったから、そう考えるのもある程度仕方がないといえた。こういう状況だったから、好むと好まざるとにかかわらず、各戦闘航空群司令と指揮下の隊長たちが、自分で自分の尻を叩いて、独自に作戦を練るしかなかったのである。

幸いなことに、第8航空軍の3人の戦闘航空群司令、ヒューバート・ゼムキ、ドン・ブレイクスリー、チェスリー・ピーターソンは、いずれもまるで神様がこの困難な任務のためにこの世にお遣わしになったかのごとき、有能で適切な人材だった。英国を基地にして長距離爆撃を援護する戦法の大筋を練り上げて、その後の米戦闘機活躍の下地を確固たるものにしたのは、まさに彼らだった。

イギリスに赴任してきた米陸軍のパイロットたちは、これから始まるドイツ空軍との戦闘を前にして、勇みたつとともに警戒心を強めていた。ドイツ軍戦闘機パイロットの優秀さについては、アメリカでいやというほど聞かされたが、イギリスにきて、そのドイツ機を相手に英空軍が勝利を収めたバトル・オブ・ブリテンの話を何度も聞かされると、ドイツ空軍といえども無敵でないことがよく理解できた。それにアメリカだって、少数のパイロットがヨーロッパにやってきて、ドイツ機と立派に空中戦を演じたことがあるのだ。ただそれが1918年の大昔で、話が少しぼけてしまっただけなのだ。

第一次大戦のアメリカ人スーパーエース、エディ・リッケンバッカーが残した26機撃墜の大記録は、第8航空軍の戦闘機パイロットたちを複雑な気持ちにさせた。これから始まる戦いでも、こんなすごい記録が出るのだろうか。5機撃墜がエースの資格というルールは昔と同じだが、飛行機はもはやスパッドでもニューポールでもなく、最新最強のサンダーボルトである。さあリッケンバッカーのあとを継ぐのはだれか、彼の記録を破るのはだれか、それは戦いが始まればすぐにわかるであろう。

ドイツ空軍の実力
Luftwaffe Strength

1943年の初め、欧州大陸に侵攻した連合軍爆撃機を迎え撃ったのは、当時絶頂期にあったドイツ空軍の昼間戦闘機部隊だった。彼らの中枢をなす第1、第2、第26戦闘航空団（JG）は、保有する戦闘機の総数において、米第8航空軍を完全に凌駕していた。3月31日の時点で、ドイツは本国に185機、西側の占領地域に513機の単発戦闘機を配し、ほかに双発の駆逐機（ツェアシュテーラー）ないし夜間戦闘機約460機が可動状態にあった。双発機はメッサーシュミットBf110が主で、それに夜間戦闘機へ改造した少数のユンカースJu88、ドルニエDo17とDo217が混じっていた。

ドイツ軍の双発戦闘機部隊は1943年5月以降、もっぱらメッサーシュミットMe410で補強された。パイロットの報告によれば、このころ米戦闘機は割合頻繁にメッサーシュミットMe210に遭遇したことになっているが、同機のほとんどが地中海方面に派遣されたことを考慮すると、これはあきらかに誤りである。しかしこの点について、パイロットだけを責めるわけにはいかない。Me210とほとんど見分けがつかないMe410が、新型機として就役した事実を、連合軍情報組織がうかつにも見逃していたからである。もともとドイツ機の識別には微妙な難しさがあり、Bf110は双発、双垂直尾翼だからまず見誤ることはないが、その発展型であるMe210/410は垂直尾翼が1枚に変ったため、墜落するうしろ姿をとくと眺めた米軍パイロットが、なんだ、Me210だと思ったらJu88だ

第4戦闘航空群所属「マック」・マカラムの個人用サンダーボルト。初期に広く使用されたP-47C型独特の、機首上部のみにある「短い」カウルフラップがよくわかる。

1943年になると英本土がドイツ機に襲撃される心配はすでに遠のいたが、飛行機を分散して配置したり、掩体で囲ったなかに待避させる習慣だけはまだ残っていた。写真は周りを立派な土手で囲んだダックスフォード基地の駐機場に置かれた、第78戦闘航空群第82戦闘飛行隊のP-47C-5。垂直尾翼のむこうに、コンクリートで固めた通路が見える。(via W Bodie)

ったのか、という具合に勘違いすることもあったらしい。

Ju88はたしかに少数が改造されて、爆撃機攻撃に駆り出された実績があるから、米軍戦闘機によって昼間のうちに撃墜されることもあり得た。しかしユンカースの爆撃機とメッサーシュミットの双発戦闘機とでは、大人と子供ほどの差があり、肉眼で見た全体の量感がぜんぜん違うのである。したがってもしパイロットが見誤っても、P-47のガンカメラのフィルムを現像すれば、普通は一発でそれが勘違いとわかった。ところがガンカメラの映像必ずしも鮮明とは限らず、いろいろ墜落機の情報を集めたところで得るものはなく、結局どちらを撃墜したのか明確な結論を出せずに迷宮入りした例もあったといわれる。

1943年4月
April 1943

4月8日、エセックス州デブデンの飛行場から、「サーカス280」[第280次「サーカス」。「サーカス」は爆撃機の護衛任務]に向けて、サンダーボルトが次々と離陸した。第4戦闘航空群の3個飛行隊が全機揃って出撃したのは、これが最初だった。だが勇躍敵地に向かった「イーグル」飛行隊の前に敵機は現れず、ダンケルクを視野におさめただけで空しく引き返した。第56、第78戦闘航空群から応援に駆けつけた4機のサンダーボルトもほぼ同じコースを飛び、海岸を越えてサントメールまで約15マイル[25km]侵入したが、そのまま引き返した。

続いて4月13日に、第56戦闘航空群が駐在するノーフォーク州ホースハム・セントフェースの基地から、第61、第62、第63戦闘飛行隊の各4機のP-47が、12機編隊を組んで英仏海峡に向け飛び立った。実戦経験のない第56航空群にとっては、この日が戦争の始まりだった。陸軍の航空群のなかで、サンダーボルトとともに過ごした時間がもっとも長い第56航空群は、単にその飛行特性

第56戦闘航空群のパイロットは、当時アメリカで大人気の漫画「ドッグパッチ」のファンが多く、この写真の「ジーン」・オニール大尉機(LM-O)にも、主人公アブナーの姿が画いてある(カラー塗装図10を参照)。第62戦闘飛行隊にいたっては、一時期自分たちの編隊を「ドッグパッチフライト」と称していた。

に慣れていただけでなく、集団で敵とわたり合う戦術をよく研究している点で一日の長があった。

当初英空軍ベテランパイロットの奨めにしたがって「ジャヴェリン」編隊形を導入してみたが、感心しなかった。[雁の群が飛ぶように]段差をつけたこの隊形だと、敵に遭遇していざ戦闘に移ろうという時、うまくいかないことがあるのだ。そこで英国方式に見切りをつけて独自の編隊形をとることにきめ、ドイツ流の「フィンガー・フォア」[親指以外の4本の指を伸ばした状態で、指先に相当する位置に4機を配置する編隊形]に切り替えた。新しい編隊形は当然慣れるまでに時間がかかるものだが、その時間をうまく利用して、編隊のまま戦うにはどうしたらいいか、また緊急の場合にリーダーとウイングマンが緊密な関係を保ったままお互いの役目を素早く交換するにはどうしたらいいかなど、編隊のなかで各自の位置を少しずつずらしながら、とくと研究した。

一方ダックスフォードに駐屯する第78戦闘航空群も、同じ4月13日に、記念すべき初出撃を行なった。こちらは第82と第83の2個飛行隊だけだったが、それに第4戦闘航空群のP-47Cが合流し、午前と午後の2回にわたってフランスの海岸沿いに飛行した。しかし第78航空群のパイロットが日誌に記したように、ドイツ軍に完全に無視されて空振りに終わった。

こういった初期の任務に参加した米軍戦闘機パイロットは、いまだに直りきらないP-47の不具合に苦しめられた。無線機は相変わらずの雑音が通話を妨げ、ターボ・スーパーチャージャーも、R-2800ダブルワスプエンジン本体も、まだ完全ではなかった。しかしその後「ちょっと向こう岸まで行ってくる」パトロールを繰り返すうちに、少しずつよくなっていった。

4月15日、クノッケの近くでドン・ブレイクスリー少佐がFw190を撃墜して、ヨーロッパ戦域におけるP-47の初勝利をマークした。この日は「ロデオ204」[第

204「ロデオ」作戦。「ロデオ」は味方爆撃機をおとりに、敵を誘い出す護衛作戦]の一環として、作戦担当士官のチェスリー・「ピート」・ピーターソン中佐率いる第4航空群の編隊が、ベルギーのファーネスからフランスのキャッセルに至る広い区域を哨戒飛行した。自ら第335飛行隊の先頭に立ち、その後方に第56航空群2個飛行隊の編隊を従えたブレイクスリーは、1700時[午後5時のこと、時刻の表記については以下同様]少し過ぎに、味方編隊の5000フィート[1500m]下方、23000フィート[7000m]の高度に3機のFw190を発見して、攻撃に移った。ブレイクスリーが1機のフォッケウルフを選んでその後尾につき、短い射撃を繰り返しながら500フィート[150m]の低空まで追跡すると、ドイツ機のパイロットはオステンド上空で脱出を試みたが成功せず、そのまま墜落した。

ブレイクスリーは、最初カナダ空軍の第401飛行隊と英空軍の第133「イーグル」飛行隊に在籍し、その間にスピットファイアMkⅤbで3機撃墜を果たしたものの、その後は不確実撃墜2、撃破7の中途半端な戦果ばかりが続いた。しかし1942年11月、第335飛行隊の隊長に任命され、1943年1月少佐に進級してから運が向いてきたのか、欧州戦線勤務2年にしてようやく4月12日に、4番目の撃墜を記録したのだった。

初の実りある戦闘を終えた第4戦闘航空群の編隊は、帰路オステンドから10kmの地点で5機のFw190を発見、急襲して2機を撃墜した（うち1機はピーターソンによるもので、これが彼の7機目の、しかも最後の記録となった）が、こちらもP-47を2機撃墜された。そして帰途ピーターソンのエンジンの調子が悪くなり、海峡上空で脱出してパラシュート降下した。これでせっかくの初撃墜の快挙も水を差されたかたちになって、第4航空群内部に、ふたたびサンダーボルト批判の声が高まった。

第4戦闘航空群が、最初からP-47に懐疑的だったことはすでに触れたが、こ

前頁の編隊を別の角度から撮った写真。編隊を率いるのはP-47D-1 42-7870 LM-R。カメラマンがB-24の側面銃座のドアを開け放して撮影したものと思われる。(via P Jarrett)

デブデンに整列した第4戦闘航空群のP-47。この航空群のパイロットはスピットファイア贔屓が多く、ことあるごとにサンダーボルトをけなすくせがあった。両戦闘機があまりにも違い過ぎて比較が意味をなさないことに、おそらく考えが及ばなかったためであろう。しかし写真で手前から2機目の「Donny Boy」(VF-T)に乗っていたドン・ジェンティリ中尉は、第4戦闘航空群の前身である第133「イーグル」飛行隊時代からのベテランでありながら、P-47をごく自然に受け容れたひとりだった。ジェンティリは最初このサンダーボルトに、スピットファイアMk Ⅴb時代に撃墜した2機(1942年8月19日のディエップ上陸作戦であげた戦果)の撃墜マークを描いて戦っていたが、結局このサンダーボルトに乗り換えたあと4機を撃墜、1機を協同撃墜し、その後P-51Bに転換してからも、なお優秀な成績を残した。(IWM CH 21338)

の日の最大の功績者たるブレイクスリーですら、基地に帰還したあと、なおサンダーボルトへの不満を口にしたというから、いささか驚きである。のちに第4航空群のエースとなったジェイムズ・「グーディ」・グードソンは、そのへんの状況を次のように語っている。

「ブレイクスリー大尉[この当時の階級]は、あきらかにサンダーボルトを嫌っていました。指先をちょっと動かすだけで自在に操れる感じのスピットファイアに慣れてしまうと、7トンもあるサンダーボルトを空中で振り回すのは、たしかに骨が折れますからね。ある程度仕方ないとは思いましたが、なんとかしたいと考えて、彼が飛行機に乗り込むところをつかまえて、セールスマンまがいの売り込みをやりました。『ねえ大尉、急降下して逃げる奴をこいつで追いかけたら、百パーセントこっちのもんですよね』。彼は何も言いませんでしたが、なるほどという顔をしたので、少しは効いたなと、その時は思いました。

「そして4月15日、彼の先導でベルギー上空を飛んでいてFw190を襲撃したら、案の定、敵は急降下して逃げたので、全員で追跡しました。最初の敵の高度が20000フィート[6100m]でしたが、ブレイクスリーは逃げる相手を500フィート[150m]の低空まで追いかけて、オステンドの郊外に墜落させました。P-47の記念すべき撃墜第1号です。デブデンに戻って、彼が報告を終えたところをつかまえて言いました。『ほうら、急降下したら"ジャグ"にかなうものはないって、私が言った通りでしょう!』。すると彼はニコリともせずにこう言ったんです。『降りる方はいいんだ。問題は昇りさ。あれじゃあどうにもならんだろ。なんとかならんかね、まったく!』とね」

[「Jug」はP-47のあだ名。その特徴的な胴体形状が、水差しの類い、わけてもmilk jug=口の大きな牛乳輸送缶によく似ているのでこの名がついたという。

ほかに、全体の力強い姿がJuggernaut＝インドのクリシュナ神を乗せた巨大な山車を連想させたからという説もある］

4月29日、第78航空軍は36機のP-47を前線に送り出した。これは一日の出撃機数という点で新記録だったが、これをほどなくして48機に増やせる見込みがすでに立っていた。米本国から続々と到着するP-47をすぐさまオーバーホールして、英軍の緊急通信が可能な無線機を搭載し、戦闘に耐える状態に達したことを確認した上で直ちに各航空群に配備する態勢が、いよいよ整ったのである。

1943年5月
May 1943

5月3日、「ハブ」・ゼムキ司令率いる第56戦闘航空群のサンダーボルト編隊が「ロデオ」に出発したが、悪天候で引き返した。この作戦にはひとつ風変わりな点があった。従来ならイギリス式に「ロデオ212」と名がつくところを、第VIII戦闘機集団の新方針にしたがって、アメリカ式に「戦闘命令第8号」(Field Order 8)としたのである。そもそもイギリス式の作戦名称は、2年間それに慣れ親しんできた第4戦闘航空群を除き、アメリカ人パイロットには不評だった。まだ何回も出撃してないというのに、なぜ200番台の作戦番号がつくのか、ぜんぜん理解できなかったからだ。それでアメリカ式の呼称を採用したわけだが、じつはイギリス式の「ラムロッド」「ロデオ」「サーカス」(索敵攻撃をかねた護衛、哨戒、護衛)の呼び名も残っていて、二本建てとしたのだった。

5月4日に初の「ラムロッド」が実施され、第78戦闘航空群の48機のP-47が勇ましく飛び立ったが、敵機はいっこうに現れず、空しく引き返した。そしてその10日後、彼らは初めて強力なドイツ空軍戦闘機群と遭遇した。ベルギー上空(このころは、ここが米軍爆撃機と護衛戦闘機の合流場所となっていた)でB-17の編隊を認めて接近すると、ちょうどFw190が襲いかかったところで、米戦闘機側はただちに攻撃に移った。この戦闘で、当時第83戦闘飛行隊長であり、のちに第78戦闘航空群司令になったジェイムズ・ストーン少佐が隊で初の撃墜を記録し、同じく第83飛行隊所属でのちに5機を撃墜してエースになったチャールズ・ロンドン大尉(P-47C-5 41-6335/HL-Bに搭乗)も、アントワープ北西でFw190を、未確認ではあったが1機撃墜した。だが味方の損失も多く、3機が未帰還となった。

5月14日には、サンダーボルト117機が海峡を越えて大挙出撃、そのなかにごく最近大佐に進級したばかりのゼムキ司令が率いる、第56航空群第62飛行隊の37機があった。ゼムキの編隊は爆撃を終えて帰路につく第1爆撃航空団のB-17と合流すべく、ほかのサンダーボルトに先駆けて出発したが、この日に限って故障が続出し、いつもの無線機とエンジン以外に、1回だけだが機銃の故障まで経験した。ゼムキ自身もオランダの海岸を目前にしながら引き返す破目になったが、その直前にFw190を1機撃墜した。しかし基地に帰ってから、ガンカメラフィルムのチェックで不確実撃墜と判定され、その後さらに撃破へと格下げされてしまった。この日空中戦闘に巻き込まれた第56航空群の残りふたつの戦闘飛行隊、第61と第63は、ともに戦果をあげることができなかった。

5月の前半はこの調子で、第8航空軍の戦闘航空群全部が、索敵に出ても爆撃機に随行しても、まったく敵と遭遇しなかった。不運といえば不運だが、まだ経験の浅い大多数のパイロットのことを考えると、幸運かもしれなかった。そ

カラー塗装図

colour plates

解説は96頁から

1
P-47C-5　41-6584　HOLY JOE　1943年8月　ヘイルズワース
第56戦闘航空群第63戦闘飛行隊　ジョー・イーガン中尉

2
P-47C-2　41-6211　JACKIE　1943年8月　ヘイルズワース
第56戦闘航空群第61戦闘飛行隊　ロバート・ラム大尉

3
P-47C-5　41-6343　LITTLE COOKIE　1943年10月　ヘイルズワース
第56戦闘航空群第62戦闘飛行隊　ウォルター・クック大尉

4
P-47C-5　41-6335　EL JEEPO　1943年6月　ダックスフォード
第78戦闘航空群第83戦闘飛行隊　チャールズ・ロンドン大尉

5
P-47C-5　41-6330　"МОИ ТОВАРИЩ"　1943年6月　ホースハム・セントフェース
第56戦闘航空群司令ヒューバート・ゼムキ大佐

6
P-47C-5　41-6630　Spokane Chief　1943年8月　ダックスフォード
第78戦闘航空群第84戦闘飛行隊長ユージン・ロバーツ少佐

7
P-47D-6　42-74641　Feather Merchant II　1943年11月　ダックスフォード
第78戦闘航空群第84戦闘飛行隊長ジャック・プライス少佐

8
P-47D-15　42-76179　Little Chief　1944年3月　ヘイルズワース
第56戦闘航空群第61戦闘飛行隊長フランク・クリッピー中尉

9

P-47D-1　42-7938　"HEWLETT-WOODMERE LONG ISLAND"　1943年10月　ヘイルズワース
第56戦闘航空群副司令デイヴィッド・シリング少佐

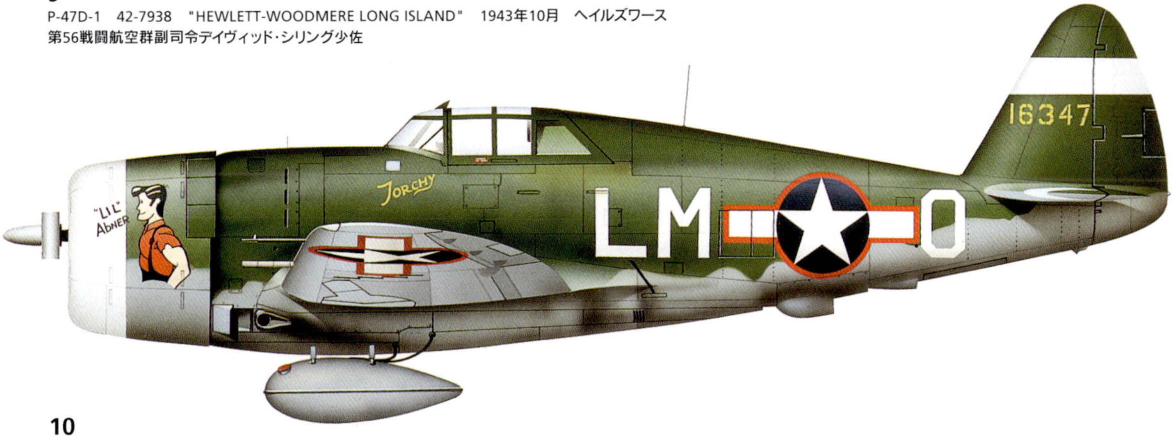

10

P-47C-5　41-6347　Torchy/"LIL" Abner　1943年11月　ヘイルズワース
第56戦闘航空群第62戦闘飛行隊　ユージン・オニール大尉

11

P-47C-2 41-6528　1943年10月　ヘイルズワース
第56戦闘航空群第63戦闘飛行隊　グレン・シルツ中尉

12

P-47D-1　42-7877　"JACKSON COUNTY. MICHIGAN. FIGHTER"/IN THE MOOD
1943年10月　ヘイルズワース　第56戦闘航空群第61戦闘飛行隊　ジェラルド・ジョンソン大尉

13
P-47D-11　42-75242　1944年2月　ヘイルズワース
第56戦闘航空群第62戦闘飛行隊 マイケル・カーク大尉

14
P-47D-1　42-7890　BOISE BEE　1944年1月　デブデン
第4戦闘航空群第334戦闘飛行隊　デュアン・ビーソン中尉

15
P-47D-5　42-8473　Sweet LOUISE/Mrs Josephine/Hedy　1944年3月　ボドニー
第352戦闘航空群第487戦闘飛行隊　バージル・メロニー大尉

16
P-47D-10　42-75068　1944年4月　イースト・レトハム
第359戦闘航空群第370戦闘飛行隊　レイモンド・ウェットモア中尉

17
P-47C-5　41-6325　'Lucky Little Devil'　1943年10月　ヘイルズワース
第56戦闘航空群第63戦闘飛行隊　ジョン・ヴォークト中尉

18
P-47D-5　42-8487　"SPIRIT OF ATLANTIC CITY, N.J."　1944年3月　ヘイルズワース
第56戦闘航空群第63戦闘飛行隊　ウォーカー・マハリン大尉

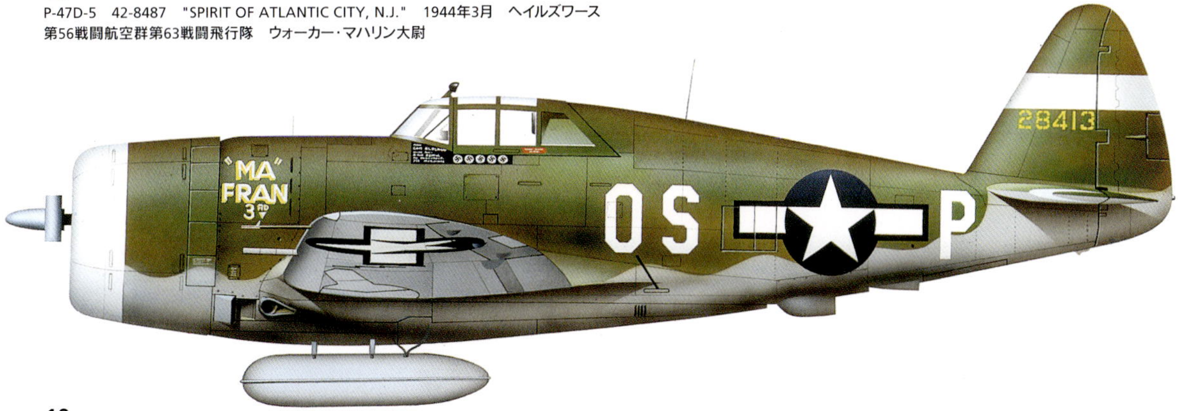

19
P-47D-5　42-8413　"MA" FRAN 3RD　スティープル・モルデン
第355戦闘航空群第357戦闘飛行隊　ノーマン・オルソン大尉

20
P-47D-5　42-8634　Dove of Peace Ⅳ　1943年12月　メットフィールド
第353戦闘航空群司令グレン・ダンカン中佐

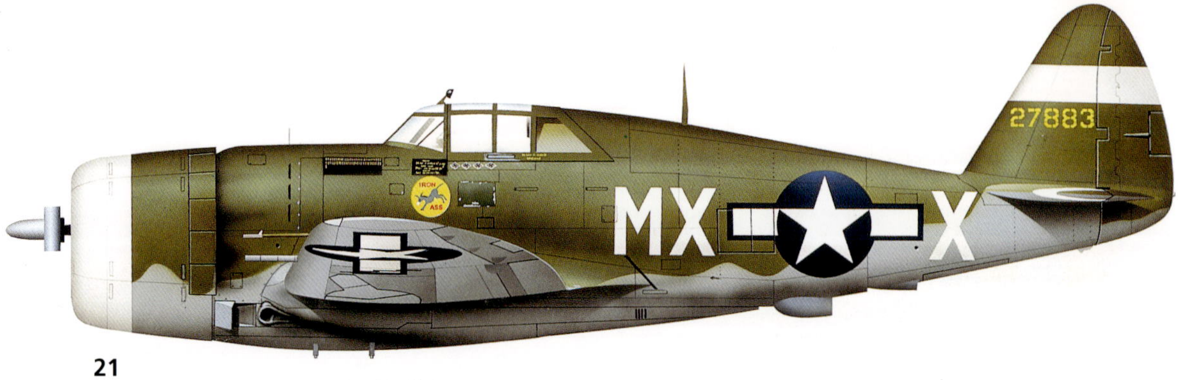

21
P-47D-1　42-7883　IRON ASS　1943年12月　ダックスフォード
第78戦闘航空群第82戦闘飛行隊長ジャック・オーバーハンスリー少佐

22
P-47D-6　42-74753　OKIE　1944年3月　ダックスフォード
第78戦闘航空群第84戦闘飛行隊　クインス・ブラウン中尉

23
P-47D-6　42-74750　Lady Jane　1944年3月　ヘイルズワース
第56戦闘航空群第63戦闘飛行隊　ジョン・トゥルーラック中尉

24
P-47D-11　42-75435　Hollywood High Hatter　1943年12月　ヘイルズワース
第56戦闘航空群第61戦闘飛行隊　ポール・コンガー中尉

25
P-47D-10　42-75163　1943年12月　ヘイルズワース
第56戦闘航空群第61戦闘飛行隊　ジョー・パワーズ中尉

26
P-47D-5　42-8461　"Lucky"　1944年2月　ヘイルズワース
第56戦闘航空群第61戦闘飛行隊　ロバート・ジョンソン中尉

27
P-47C-2　41-6271　Rat Racer　1943年10月　ヘイルズワース
第56戦闘航空群第61戦闘飛行隊　フランク・マコーリー中尉

28
P-47D-10　42-75207　Rozzie Geth/"BOCHE BUSTER"　1944年3月
ヘイルズワース　第56戦闘航空群第62戦闘飛行隊　フレッド・クリステンセン中尉

29
P-47D-5　42-8476　LITTLE DEMON　1943年12月　メットフィールド
第353戦闘航空群第351戦闘飛行隊　ウォルター・ベッカム大尉

30
P-47D-11　42-75510　1944年1月　ヘイルズワース
第56戦闘航空群第61戦闘飛行隊長フランシス・ガブレスキー中佐

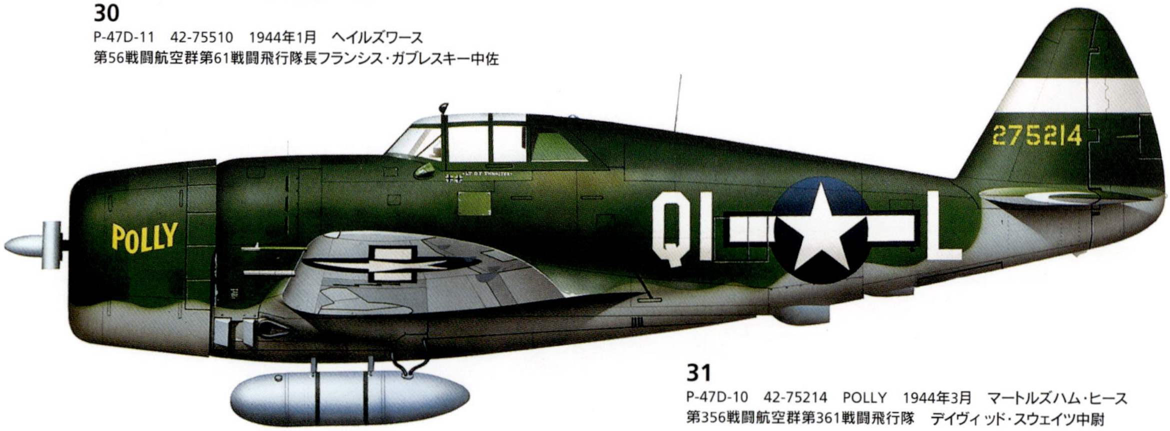

31
P-47D-10　42-75214　POLLY　1944年3月　マートルズハム・ヒース
第356戦闘航空群第361戦闘飛行隊　デイヴィッド・スウェイツ中尉

32
P-47M-1　44-21112　1945年4月　ボックステッド
第56戦闘航空群第63戦闘飛行隊　ジョージ・ボストウィック少佐

33
P-47D-22　42-26299　1944年12月　ボックステッド
第56戦闘航空群第63戦闘飛行隊　キャメロン・ハート大尉

34
P-47D-25　42-26641　1944年12月　ボックステッド
第56戦闘航空群司令　デイヴィッド・シリング大佐

35
P-47D-21　42-25698　Okie　1944年9月　ダックスフォード
第78戦闘航空群第84戦闘飛行隊　クインス・ブラウン少佐

36
P-47M-1　44-21108　1944年11月　ボックステッド
第56戦闘航空群第61戦闘飛行隊　ヴィトルッド・ワノフスキ大尉

37
P-47D-22　42-26044　Silver Lady　1944年5月　ボックステッド
第56戦闘航空群第61戦闘飛行隊　レスリー・スミス少佐

38
P-47D-21　42-25512　Penrod and Sam　1944年4月　ボックステッド
第56戦闘航空群第62戦闘飛行隊　ロバート・ジョンソン大尉

39
P-47D-25　42-26628　Rozzie Geth II/Miss Fire　1944年6月　ボックステッド
第56戦闘航空群第62戦闘飛行隊　フレデリック・クリステンセン大尉

40
P-47D-25　42-26413　"OREGONS BRITANNIA"/HAPPY WARRIOR　1944年6月
ボックステッド　第56戦闘航空群司令ヒューバート・ゼムキ大佐

41
P-47M-1　44-21117　Teddy　1945年1月　ボックステッド
第56戦闘航空群第62戦闘飛行隊　マイケル・ジャクソン少佐

42
P-47D-26　42-28382　"OLE COCK Ⅲ"　1944年6月　ボックステッド
第56戦闘航空群第61戦闘飛行隊　ドノバン・スミス大尉

パイロットの軍装

figure plates

解説は100頁

2
第56戦闘航空群司令「ハブ」・ゼムキ大佐
1943年12月　ヘイルズワース

1
第56戦闘航空群副司令デイヴ・シリング中佐
1944年3月　ヘイルズワース

3
第56戦闘航空群第61戦闘飛行隊
ロバート・ジョンソン中尉
1943年10月　ヘイルズワース

4
第356戦闘航空群第360戦闘飛行隊
ジェリー・ジョンソン少佐
1944年1月　マートルズハム・ヒース

5
第56戦闘航空群第61戦闘飛行隊長
「ギャビー」・ガブレスキー大尉
1943年6月　ホースハム・セントフェイス

6
第78戦闘航空群副司令
ユージン・ロバーツ中佐
1943年10月　ダックスフォード

して5月16日、第78戦闘航空群がようやくドイツ空軍と遭遇した。

16日の空戦は劇的だった。おおよそ100機を超すFw190の大編隊が突然現れ、第78戦闘航空群のサンダーボルトはそれぞれ敵の小グループを狙って分散攻撃に移った。すぐに第84戦闘飛行隊が第78航空群にとって2番目と3番目の撃墜を果たしたが、同隊のチャールズ・ブラウン准尉が撃墜された。

第4戦闘航空群第334戦闘飛行隊のデュアン・「ビー」・ビーソン中尉（P-47C-2 41-6212/QP-Iに搭乗）は5月18日、オステンド近郊で初の撃墜（Bf109）を達成した。「ビー」はこれを皮切りに次々と記録を重ね、第4航空群が使用機をP-51に改変するまでに12機を撃墜して、隊内随一の輝かしいエースになるのである。すでに触れたように、第4「イーグル」航空群が最初スピットファイアを使った影響で、後々までリパブリック製重戦闘機に対する違和感を引きずったパイロットが多かったなかで、ビーソンのように第4航空群がサンダーボルトに転換したあと入隊したパイロットは、そんなスピットファイアとくらべてどうのこうのという悩みとは、最初から縁がなかったのだ。

5月19日以降月末までのあいだに、第78戦闘航空群は11回も出撃したが、ほとんど何の手応えも得られなかった。ゼムキの第56「ウルフパック」戦闘航空群も似たようなもので、かなり多数の敵機を目撃し、何回かは攻撃までしたけれども、逆襲されて退避したり、エンジンの調子が悪かったり、燃料が底をついたりで、結局は空しい時間を費やすだけに終わった。

この調子で戦闘機のパイロットはいい加減退屈しかけていたが、その一方で4発重爆の乗組員たちは、日を追ってP-47の存在意義を認めるようになっていった。爆撃機の編隊にとってもっともおそろしいのがドイツ戦闘機の集団攻撃だが、護衛戦闘機がいると、たとえ何もしないでただいるだけでも、集団攻撃の脅威が薄れた。重武装の米軍重爆編隊は敵戦闘機にとっても手強い相手で、撃墜するには高度な技術と精神集中を必要とした。そこに護衛戦闘機に撃ち落とされる危険が介入してくると、そちらに注意を割くことになって、意のままに攻撃できなくなってしまうのである。だからB-17フライングフォートレスとB-24リベレーターの乗員たちにいわせれば、味方戦闘機による撃墜機数の多さが、すなわち護衛の効果を表す指数ということにはならなかった。とにかく彼ら護衛戦闘機隊（リトル・フレンズ）がそこにいてくれること、それが何よりも重要なのだった。

1943年6月
June 1943

6月に入っても、第56戦闘航空群は依然戦果に恵まれなかったが、6月9日から索敵飛行を開始した同航空群第61戦闘飛行隊のフランシス・「ギャビー」・ガブレスキー大尉率いる「レッドフライト」編隊が、3日後に「ウルフパック」初の撃墜を成し遂げた。のちに6機撃墜のエースとなったウォルター・クック大尉（P-47C-5 41-6343/LM-Wに搭乗）が、ベルギーのイプレ近郊でFw190を襲い、左主翼内の弾薬を爆発させたのである。主翼が千切れたのが見えて、文句無しの確実撃墜だった。

6月22日午前、今度は第4戦闘航空群第336戦闘飛行隊のグッドソン中尉（P-47D-2 42-7959/VF-Wに搭乗）が、フルスト北西10マイル［16km］の地点でFw190を捕捉、短時間の攻撃で墜落させた。グッドソンも、これを皮切りに順調に記録を重ねて、エースになるのである。

「常に最前線に身をさらす」タイプの指揮官だった第56戦闘航空群の「ハブ」・ゼムキ大佐は、自らパイロットとして戦闘に参加するかたわら、指揮下の飛行隊隊長の人選と、空と地上の両方で自己の戦闘航空群に最高の力を発揮させる方法について、文字通り日夜心を砕いた。基地というものは、それこそ手洗所の掃除から、火器の整備、料理、事務処理に至る、あらゆる職務の要員を擁する大組織であり、それが円滑に機能して最良の結果を生むように運営するのが司令の仕事だと、彼は割り切っていた。だからこの1943年半ばの時点で、ゼムキは自分が飛ぶ以外の時間をほとんど全部この運営に注ぎ込み、滅多なことでは基地を離れなかった。

他人を力ずくで従わせる独裁者の性格をもちあわせなかったゼムキは、部隊のP-47の戦闘力を向上させ、爆撃機をより効果的に護衛し、ドイツ軍戦闘機との戦いで勝利をおさめるには何をすればよいか、少しでも役に立ちそうな意見があれば、喜んで耳を傾けた。当時の米航空部隊にはこれらに関する明確なガイドラインがなく、そのためゼムキは大変な苦労を強いられた。

パイロットのなかには、敵機を目にした途端、勇みたって勝手に隊列を離れ、単独で突っ込んでいく者がいた。そういう人間にはチームワークの重要性をとことん説明して、一匹狼はすぐに敵の餌食となることを覚らせる必要があった。そのためその教育には、ゼムキもほかの司令たちも、自らが事に当たった。こうしたやり方は、一歩誤れば隊員を萎縮させる危険があったが、無論それは望むところではなかった。

チームワークについて考えを改めさせる必要があったのは、戦闘機パイロットだけではなかった。この大切な基本原理をつらぬく上で、ゼムキは軍の内部でじつに多くの抵抗に直面し、それをひとつひとつ打破しなければならなかった。第8航空軍の爆撃機部隊司令のなかには、昼間精密爆撃において戦闘機の援護がいかに重要であるか、いまだに理解しない者がいたからである。そんな状況で6月13日、自らサンダーボルトを駆って出撃したゼムキは、カッセル近郊で2機のFw190を相次いで撃墜し、もう1機に損傷を与え、彼にとって初の勝利を記した。

6月22日には、5月4日に撃墜未確認の判定で落胆させられた未来のエース、チャールズ・ロンドン大尉が、これまた初の撃墜を果たした。ワルヘレン島近くで交戦したFw190が、海に突っ込んだのだ。ロンドンは29日にグルネイ近くでさらに2機のBf109を撃墜して、わずか1週間のうちに記録を3機に伸ばした。

chapter 2

より遠くへ

extended range

当初第8航空軍のサンダーボルトは、爆撃機の援護に向かう時、いったんケント州のマンストン基地に立ち寄るのを慣わしとした。マンストンは英仏海峡にもっとも近い基地で、したがってここで燃料を満載にすれば、大陸のいちばん奥まで到達できるはずだった。たとえ1マイルでも余計に飛べれば、ドイツ空軍戦闘機の鋭い爪から、1機か2機の爆撃機を救うことになるかもしれないのだ。

6月26日、このルートでマンストンを出発したロバート・ジョンソン中尉に、彼自身生涯忘れないであろう激戦が待ち受けていた。前回の出撃で勝手に編隊を離れ、基地に帰ってから「ハブ」・ゼムキ司令と、「ブルーフライト」の編隊長ジェリー・ジョンソンのふたりにたっぷりお灸を据えられたボブ・ジョンソンは、今日はどんなことが起きようと、絶対に編隊を離れまいと固く決意していた。

海峡を通過してフランス上空にさしかかった時、「キーワース・ブルー・フォア」を名乗るジョンソン（P-47C-2 41-6235/HV-Pに搭乗）は、遠くに敵機を発見して無線で知らせたが、編隊僚機から何の応答もなかった。敵はどんどん接近して、彼の編隊は何事もないかのように飛び続ける。気が気ではなくなって何度も絶叫するうちに、後方に回り込んだ敵機の銃弾が命中して彼は負傷、エンジンも機体も損傷した上にキャノピーが開かなくなり、操縦室に閉じ込められた未来のエースは、やむを得ず基地に向かって単独でトボトボと引き返すことになった。その一部始終を、「まったく我ながらよく帰れたものです」と前置き

第78戦闘航空群のホームグラウンド、ケンブリッジ州ダックスフォード基地で撮影した第56「ウルフパック」戦闘航空群第61戦闘飛行隊のP-47C-2 41-6267（尾翼にかくれているが、コードレターはHV-Vと読める）。おそらくまとまった数の新人パイロットの初出撃を指導するため、短期間派遣されたベテランパイロットの乗機であろう。（IWM HU 73852）

して、ジョンソンはこう語っている。

「このままではやられるから、勝手に編隊を離れて攻撃に移ろうと決心した時はもう手遅れで、そこらじゅうに敵がいました。1機のFw190が上方から私目がけて射ってきて、ドシンという大きな音と、タイプライターを打つような小刻みの音が同時に聞こえて、機体が穴だらけになるのがわかりました。

「これはいかんと急降下に移った途端、頭のうしろで何かが爆発して、後頭部が熱くなりました。吸入用の酸素です。急いでキャノピーを開けようとしたら、枠が曲がったのか、ひっかかって動きません。その間もどんどん弾が命中します。こりゃあバラバラにされるぞと覚悟をきめた時、今度は油圧パイプが破裂して顔にオイルがかかり、何も見えなくなりました。

「なにも見えぬままもう一度急降下すると酸素の火災がおさまったので、水平飛行に戻しました。ところがどうもエンジンの調子が変です。ここでこわしたら元も子もないと思って、スロットルを戻しながら目を擦ったら、目の前の高度計が見えました。19000フィート[5800m]で、思ったより高かったのでホッとしてまわりを見渡すと、もうドイツ機の姿は見えません。どの程度やられたかあらためて点検したら、さっき私を撃ったパイロットはよほど腕がよかったのか、もうボロボロです。舵を切っても反応がないし、主翼はまるで糸で吊ったみたいにバタバタしています。キャノピーを叩いてみましたが、やはり開きません。ようし、そっちが動かないならこっちも居座ってやる、と開き直ったら、少し気持ちが楽になりました。顔から血が流れ、頭のうしろがヒリヒリしましたが、たいしたことはなさそうです。ただ酔っ払ったような気分だけは直りません」

　これは高度10000フィート[3050m]以上で酸素が切れたために起きた、酸欠症のせいだった。もう操縦もできないし、これでいよいよおしまいだと思っているうちに自然と高度が下がり、酔っ払い気分が消えて、しかも機が少しは操縦できることもわかったので気を取り直し、基地に向けて進路をとった。

「ディエップに近づいた時は高度が8000フィート[2400m]まで下がっていました。その時突然右からブルーのFw190が現れ、いったん私を追い越してから、反転してうしろにつくのが見えました。こちらは座って見ているだけです。敵が射撃して、私の機から破片が飛び散りました。私もけっこうな速度を出して飛んでいたので、ラダーを蹴って少し減速したら、そいつが私を追い越してちょうど真ん前にきたので、銃弾を浴びせてやりました。敵はすぐ戻ってきましたが、損傷したサンダーボルトを相手にしていることがやっとわかったらしく、今度は撃たないで横に並んで様子を窺っています。ちょうどディエップの真上でしたが、妙な組み合せが飛んできたので、きっと何かあると思ったんでしょう。対空砲火は沈黙したままです。こっちは回避

第8航空軍第381爆撃航空群のB-17が集う、エセックス州リッジウェルの基地を訪れた、第78戦闘航空群のP-47C-2（41-6246）。戦闘機による護衛の効果が、爆撃航空群の司令たちに正しく認識されるようになってからというもの、戦闘機パイロットの訪問はいつ何どきでも大歓迎を受けた。

欧州戦線において初のエースの栄冠を手にした、チャールズ・ロンドン大尉のP-47C-5（41-6335）。1943年6月29日と7月30日のあいだにリッジウェル基地で撮影。右端に一部が見えるのはB-17である。ロンドンはその合計5機の撃墜記録のすべてを、この機体で達成した。第8航空軍が長距離爆撃を開始した当時は、写真に映っているB-17とP-47が主役であり、ほかに脇役として少数のB-24とP-38がいるに過ぎなかった。しかしこの写真の撮影後1年足らずで、爆撃機護衛の主役はP-47からノースアメリカン製の戦闘機[P-51のこと]に移ってしまうのである。

行動がとれないから、大助かりでした。

「もう少しで海峡というへんで、ドイツ機は私の回りを旋回してから、こちらに向かって手を振ってきました。やれやれこれでおしまいかと喜んでこっちも手を振ったら、なんと、もう一度撃ってきました。高度はもう3000フィート[910m]を割っています。それから今度は私の下側に回って、損傷の程度をしらべている様子でしたが、これなら絶対イギリスまでたどりつけないと判断したんでしょう。翼を振って去っていきました。あいつはきっといい奴だったに違いありません。

前頁のチャールズ・ロンドンの乗機「EL JEEPO」のクローズアップ。コクピット横の撃墜マークは、まだ4個しか記入されていない。その下の個人マークは、右側にも同じ位置に同じものが描いてある。撃墜マークのカギ十字が4個ということは、5月14日のFw190不確実撃墜を撃墜に数えた結果としか考えられない。なぜなら、この写真の撮影時期が6月か7月ということが判明しており、その一方でロンドンが4機目と5機目を撃墜したのは7月30日だったからだ。不確実撃墜というやつは厄介で、本人は撃墜したと堅く信じているわけだが、まさかドイツ側に問い合わせるわけにもいかないから、証明するのは不可能だ。したがって人情として、どうしてもこの場合のロンドンのように、撃墜マークを1個描いてしまいたくなるのである。戦後ドイツ側の損失記録を照合できるようになってから、この種の疑問が相当数解明され、一部の撃墜記録が訂正されることになった。

「エンジンは依然不調でしたが、ためしに操縦桿を引いたら、驚いたことに少しですが上昇します。そのままなんとか海峡を渡ってやっと基地にたどり着き、ノーフラップ、ノーブレーキのまま着陸しました。あんな素晴らしい着陸は生まれて初めてでしたね」

ネコがネズミをなぶるようなこの種の奇妙な追跡劇は、爆撃機では何度か報告されているが、戦闘機では初めて被った。ともかくこうして無事帰還したジョンソンは、命令によりしばし休息をとったのち、7月1日には早くも戦線に復帰した。

ジョンソンが危地に陥った6月26日に、第56戦闘航空群はドイツ第2戦闘航空団(JG2)によりP-47を5機撃墜され(うち4機のパイロットが戦死)、さらに6機を撃破されて、第二次大戦中2番目に大きな損害を被った。ジョンソンが「腕がいい」と評した敵パイロット(JG26のパイロットだった)により徹底的に傷めつけられた彼のサンダーボルトは、修復不能の判定でスクラップにされた。

1943年7月
July 1943

7月1日、第78戦闘航空群がロデオ任務を決行、のちに9機撃墜のエースとなった第84戦闘飛行隊長ユージン・ロバーツ少佐が、初めての獲物を照準器

欧州戦線に4番手として参入した第353戦闘航空群は、たまたまマーキングの塗装色変更とタイミングが一致し、最初からそのサンダーボルト全機が赤で縁どりした国籍標識(1943年6月29日制定)を表示することになった。しかしこれも同年9月17日に再度改訂されて、ダークブルーの縁どりに変わる。この2回目の変更は太平洋戦線で、赤は日本の日の丸と間違える可能性があるとして問題になったためで、欧州および地中海戦域ではその可能性がないにもかかわらず、陸軍が全戦域での統一にこだわって強行した結果だった。写真は1943年夏、最初の変更後の赤い縁のマークをつけて飛ぶ第353戦闘航空群第350戦闘飛行隊のP-47D-2(42-8001)。胴体下の落下タンクは108米ガロン(409リッター)型。

第353戦闘航空群第352戦闘飛行隊所属のP-47D-2。第Ⅷ戦闘機集団が撮影させた写真には、不思議なことに同航空群のサンダーボルトがあまり登場しない。あるいは継子扱いされたのかもしれないが、この航空群からサンダーボルト・エースが5人も出たから、れっきとした戦闘機パイロットの集まりだったのは確かだ。なおこの機体には通常のアンテナ支柱がなく、かわりにホイップアンテナがついているのに注意。

にとらえたが、結果は不確実撃墜にとどまった。ロバーツはこのあと1カ月を無駄に過ごしてから、7月30日に雪辱を果たすのである。ロバーツの乗機は、本来ならP-47C-5 41-6330/WZ-Z「Spokane Chief」のところを、7月30日に限ってC-2 41-6240/WZ-Eに乗り、しかもそれでいっぺんに3機を撃墜して、それからまた元のWZ-Zに戻り、残りの6機全部をこのWZ-Zで撃墜している。

夏に入って、カメラマンを伴った軍の報道員が、盛んに各基地を訪問し始めたが、彼らのあいだでロバーツは断然人気があった。反応の鈍い地元イギリスの新聞と違って、軍の発行する新聞は当然ながら米軍戦闘機部隊の活躍を積極的に紹介し、個人別の撃墜記録まで洩れなく報道した。第Ⅷ戦闘機集団司令部も、こういった報道がパイロットの競争心を刺激して、「エース争い」(そういうものがあればの話だが)を盛り立てることを暗に望んでいたから、報道活動を積極的に支援した。これを嫌がる者もあるいはいたかもしれないが、自分の戦果が報道されれば、パイロットだって悪い気持ちはしなかった。それに勇ましい話を聞けばみんな勇みたって、戦争を勝ち抜く気持ちが湧いてくるはずだった。

ただ新聞の報道記事には、ひとつだけ弊害があった。ドイツ側がこちらの新聞記事をもとに、第8航空軍のトップパイロットたちの成績から各隊の構成、基地の状況、要員の氏名と職種などを詳細に割り出して、捕虜となったパイロットを尋問する際、心理的に圧力をかける材料として使ったのである。

話が逸れたが、ユージン・ロバーツは、10月20日にBf109F/Gを撃墜して通算9機(プラス不確実撃墜1機)の記録を達成するまでに中佐に進級し、第78戦闘航空群の副司令に任命される。そして89回の出撃を終えた1943年12月末、休暇で一時本国に帰還、二度目の欧州勤務(ツアー)で今度は364戦闘航空群のP-51に乗るが、残念なことに撃墜記録を伸ばすことなく終戦を迎えるのである。

7月30日には、ロバーツ少佐と同じ第84戦闘飛行隊のジャック・プライス大尉(P-47C-5 41-6333/WZ-Vに搭乗)が、ロバーツに負けじと一日で2機を撃墜、7月14日の1機とあわせて記録を3機とした(すべてFw190)。プライスは1942年5月に第78航空群へ着任し、ずいぶんと長い間実戦を経験して、ようやくその才能が花開いたのだった。彼が14日に落としたフォッケウルフはアブヴィルの北20マイル[32km]の地点に墜落したが、アブヴィルは米軍パイロットが一目も二目もおく強力な第26戦闘航空団(JG26)の駐屯地で、この日第78航空群のサンダーボルトが交戦した相手は、まちがいなくこのJG26の戦闘機だった。プライスは、彼をエースに押し上げた5回の撃墜のうち、7月14日の1回だけ自分専用のP-47C-2 41-6270/WZ-Aを使い、それ以外は上記のWZ-Vを含め、違う機体を使っている。プライスがエースになるのは11月26日のことで、この時もまた一日に2機を撃墜している(P-47D-6 42-7461/WZ-Zに搭乗)。すでに少佐となっていたプライスはこの直後、ロバーツの後任として第84戦闘飛行隊長に任命され、次いで最初のツアーが終って休暇に入り、復帰後第20戦闘航空群第55戦闘飛行隊長としてP-51に乗るが、やはり以後の撃墜記録なしに終戦を迎えるのである。

最初からP-47で訓練を積んだ第56と第78戦闘航空群(厳密にいうと後者は英国派遣以前にはP-38の部隊だった)が、全力で実戦に突入したのに比べて、以前にスピットファイアを使っていた第4戦闘航空群は、とかくサンダーボルトに対して批判的で、のちにより敏捷なP-51Bに転換してから、やっと本気になったようにも見受けられた。ここに写っているP-47D-6 42-74688/VF-G「MISS SAN CARLOS」は、第4戦闘航空群336飛行隊のリー・ガバー少佐の乗機。彼は同隊の作戦担当将校を経て1943年末に短期間隊長を務め、その間このサンダーボルトを使い続けた。ガバーに撃墜記録はなく、地上の敵機を4機破壊しただけだった。彼の第336戦闘飛行隊のように、パイロットのイニシアルをコードレターに使うことを許可した隊はいくつかあり、ご覧の通りガバーの乗機も「G」を使っている。ガバー少佐は1944年1月に第4戦闘航空群の司令部飛行隊の所属となり、3月に配置転換で本国に帰った。

戦争のさなかに、第8航空軍の戦闘機部隊に転勤してくる補充パイロットは、ヨーロッパ戦線のほかの部隊から引き抜かれたか、米本土から直接やってきたかのいずれかだった。7月6日に第56戦闘航空群第61戦闘飛行隊に赴任したルロイ・シュライバー大尉は後者に属し、以前はアメリカ本国で訓練専門部隊、第338戦闘航空群の教官を務めていた。英国に到着後すぐ戦闘に参加することになったシュライバー(P-47D-1 42-7871/HV-Fに搭乗)は、ロバーツとプライスが複数機撃墜を果たした縁起のいい7月30日に、同じくBf109を2機撃墜した。シュライバーは8月に第62戦闘飛行隊に移って隊長に昇進、1944年4月15日にP-47D-21 43-25577/LM-Tでフレンスブルク飛行場を掃射中、対空砲火により撃墜され戦死するが、それまでに通算12撃墜、1機不確実撃墜、6機撃破という成績を残すのである。

P-47が最終目的地まで爆撃機に随行できないことが、ヨーロッパ展開以来第Ⅷ戦闘機集団の頭痛の種となっていたが、1943年夏の初め、ようやく改善のきざしが見えてきた。外部補助タンクの装着である。すでに半年前から米

英空軍基地に駐屯する第8航空軍の兵士たちにとって、ハリウッド有名スターの訪問は大きな楽しみのひとつだった。写真は1943年7月3日、慰問のショーを披露するためにダックスフォードを訪れた喜劇俳優のボブ・ホープと女優のフランシス・ラングフォード。写っている機体は、第78戦闘航空群ロバート・E・エビー大尉の乗機P-47-D「Vee Gaile」。エビーは航空群司令部付きながら実戦にも参加し、1942年5月から1944年9月まで、第78航空群のなかでももっとも長いほうに属する前線勤務ののち、第3航空師団の戦闘機戦術司令に昇進した。

トップエース、ジェリー・ジョンソンの、これが果たしてかの勇猛をもって鳴る「ウルフパック」の熟練パイロットかと疑いたくなるような、まるで少年のような笑顔。1943年から1944年にかけて、第56戦闘航空群にはエースのジョンソンがふたり在籍したので話が紛らわしいが、このジェラルド・ジョンソンは1944年3月27日に撃墜されて捕虜になるまでに、16.5機撃墜(すべてサンダーボルトによる戦果)を果たした。エースになったのは1943年10月10日で、その日は皮肉なことに彼が受領したP-47D-1 42-7877/HV-Dではなく、別のP-47C-5 41-6352/HV-Tに乗っていた。

英両国で生産が始っていたにもかかわらず供給が遅れ、7月になってようやく最小限必要な数が揃ったのだった。そして7月28日、初めて第4戦闘航空群のサンダーボルト全機が、爆撃を終えて帰還するB-17編隊とエンメリッヒ上空で合流すべく、ずんぐりした200米ガロン［757リッター］タンクを胴体下に吊り下げて、デブデンを離陸した。この200米ガロンタンクは内部の与圧がないこともあって、全内部容積の半分しか燃料を入れられず、さらに故障が多かったが、それでもその効果たるや絶大で、何の前触れもなく突然ドイツ国境上空に姿を現した第4航空群のサンダーボルトの姿は、ドイツ空軍を慌てさせるに充分だった。だが目指すB-17編隊の姿は合流点に見られず、たまたまドイツ戦闘機の猛攻を受けて苦戦中の別の重爆隊が近くにいたのでそちらの援護に向かい、戦闘の末3機のBf109と6機のFw190を撃墜した。

2日後の30日、ダックスフォード基地における出撃前のブリーフィングの席で、パイロットたちの表情は明るかった。評判の悪い200米ガロンタンクをやめて、新型の75米ガロン[283リッター]タンクを使うことになったのだ。全体に小型で空気抵抗が少なく、しかも与圧されていて信頼性も高いこのタンクを装備すれば、2時間50分は充分に飛べた。したがってもしすべてが順調に運べば、司令部の指示通りオランダ経由の最短ルートでドイツに侵入して、爆撃機を攻撃しようと待ち構える敵戦闘機を阻止できるはずだった。そして現実にその通りになり、過去10回の出撃がことごとく空振りに終わった第78戦闘航空群のパイロットたちは、久しぶりに激戦に巡り合うことになった。

すでに2日前、第4戦闘航空群が長駆ドイツ国内に突入したのを知っていた彼らは、次にドイツ機を慌てさせるのは自分たちとばかりに、出発前からうずうずしていた。そしてこの日の任務、カッセルを爆撃して引き返す186機のB-17の護衛を果たすべく、クレーフェ近くでドイツ国境を越えて、一路合流点のハルテルンを目指し、1100時に予定通り爆撃機編隊と出会ってその4000フィート[1200m]上、高度28000フィート[8500m]で所定の位置についた。

ドイツ空軍の戦闘機が現れる直前、酸素吸入系の故障で第78戦闘航空群司令メルヴィン・マクニクル中佐が失神状態になり、ウイングマンのP-47と衝突して2機とも墜落してしまった。マクニクルはほとんど垂直に落ちていったが、途中意識を取り戻して奇跡的に胴体着陸に成功、まだふらふらしているところをオランダのレジスタンスに救出された。しかし衝突されたウイングマンのジェイムズ・バイアース中尉は、脱出しながらも死亡した。これで第78航空群は、

4週間のうちに司令2名を失うことになった(マクニクルの後任には、第83戦闘飛行隊長のジェイムズ・ストーン中佐が任命された)。

やがて機銃とロケット弾で武装した100機におよぶ敵戦闘機の大集団が現れ、第78戦闘航空群第84戦闘飛行隊のサンダーボルトが真っ先にこれと交戦した。ストーン中佐とプライス大尉が攻撃したBf109がともに空中爆発を起こして墜落し、4機撃墜、1機撃破の記録をもつジョン・アーヴィン大尉もBf109を2機仕留めた。のちにエースとなったピーター・ポンペッティ(P-47C-5 41-6393に搭乗)も、オランダのディーダム近郊で彼にとって最初の撃墜を記録した。ポンペッティはその後5機を撃墜、3.5機を撃破してエースとなるが、1944年3月17日に撃墜され、捕虜となっている。

愛機「Princess Pat」の速度を落として、窓越しにB-24を見つめる第56戦闘航空群第63戦闘飛行隊のチャールズ・リード中尉。爆撃機とは大の仲良しのサンダーボルトだが、こうして近くを飛んでいると、羊の群れを追うシェパードといった感じで、なかなか迫力がある。リードと同じ隊の「バド」・マハリン大尉は、射撃訓練の標的になってB-24のまわりを飛んでいるうちに接触して尾翼を失い墜落、未来の大エースがもうちょっとで撃墜記録ゼロのままこの世を去るところだった。

一方第84戦闘飛行隊長ユージン・ロバーツ少佐は、「フォーツ」[空の要塞(フライングフォートレス)=B-17]の先頭編隊を援護に向かう途中Fw190を捕捉、敵が炎に包まれて墜落するのを見届けてから、2機目に襲いかかってこれを撃墜、さらに爆撃機編隊に向かってまさに突入せんとするBf109に命中弾を与えて、これも撃ち落とした。これでロバーツは、第8航空軍初の「1回の出撃で3機撃墜」の栄誉に輝くことになった。

ロバーツに勝るとも劣らぬ活躍を見せたのが、チャールズ・パーシング・ロンドン大尉だった。彼は第83戦闘飛行隊の僚機とともに26000フィート[7900m]の高度で攻撃を開始、Fw190の背後に回り込んでこれを撃墜、次いでBf109に命中弾を浴びせて爆発させ、撃墜記録をあわせて5機とした。

このほかにも戦果はあったが、やがて燃料計の指針が危険なレベルまで下がり、第78戦闘航空群のP-47は揃って戦場を離脱した。帰途クインス・ブラウンが、第VIII戦闘機集団で最初とされる対地攻撃を敢行し、銃弾が命中して猛烈に蒸気を吹く機関車の姿をガンカメラに収めた。ブラウンはこのあと海峡に出る直前に対空砲火を浴びて、回避のために高度を下げたところプロペラが海面を叩き、ブレードを2本曲げてしまったが、辛くもダックスフォードの基地に帰着できた。一方5機撃墜を果たしたロンドンは、基地に帰還後ガンカメラフィルムのチェックを無事パスして、晴れて欧州戦線初のエースとして公認された。ロンドンの乗機は、一貫してP-47C-5 41-6335/HL-B 「EL JEEPO」だった。

1943年8月
August 1943

第8航空軍には、あらたに到着した部隊が初めて実戦に参加する時、最初の何回かの出撃に限って、実戦経験豊富な他部隊のパイロットに先導役を務めさせる習慣があった。第353戦闘航空群が、整備を終えたばかりのサフォーク州メットフィールド基地から8月9日に飛び立った時も、第56航空群のベテラン搭乗員が慣例通り、介添え役として同行した。初めての出撃に何か重大なことが起きることは滅多にないが、この日も例外ではなかった。イギリスに到着して間もない新参のパイロットたちは、自分の飛行機の機銃に実弾が装填してあることからくる緊張と、敵の領土を目の当たりにした興奮と、天候が気象担当将校から聞いた予報とかなり違うようだが、それはひょっとするといつものことなのかもしれないという興味とを交互に味わいながら、無事基地に帰り着いてほっとするのだった。こういった予行演習を重ねたのち、第353戦闘航空群は8月9日、初の爆撃機援護作戦に参加した。

この作戦が実施されたその日に、のちに20機を撃墜してトップクラスのエースになる第56戦闘航空群の「バド」・マハリン大尉が、もうちょっとで命を落とす危ない目に遭った。彼は非番で基地にいたところを、爆撃機の機銃射手の訓練にひと役買うよう要請されて、単機で飛行するB-24爆撃機の周囲を、自分ができるだけむつかしい標的になるよう、多分にアクロバット的に近く遠く、上に下に、飛んでみせたのだった。ところがつい勢いに乗ってB-24に必要以上に接近したため、プロペラの後流に煽られて主翼の下に吸い込まれ、プロペラに叩かれて、テールを根元から尾翼ごともぎ取られてしまった。それでもマハリンは、完全にコントロールを失って墜落する機体から高度400フィート[120m]で脱出に成功し、一方爆撃機は胴体着陸して乗員だけは無事だった。マハリンは、「不当な行為により国家の財産を損壊させた」罪で軍事裁判にかけられることを覚悟したが、ゼムキ司令は100ドルの罰金とお説教を課しただけで、それ以上は追及しなかった。この事件と、あとで触れる彼の最初の戦果、すなわち8月17日の(P-47C-2 41-6259/UN-Vによる)連続2機撃墜を耳にした者は、マハリンはなんて運のいい男なんだ、と思ったであろう。しかし本人にいわせると、ただ運がいいのとは少し違うらしいのだ。

「パイロットという職業は、幸運と組み合わさってはじめて成立するものなんです。かつては私も、自分が操縦が上手だから、死なずにすんでいると思っていました。でもそれはまちがいで、今こうして生きて話ができるのも、唯々運がよかったからなんです。そりゃだれだって空に上がれば真面目に行動します。てきぱきと頭を切替えて、教わったことを全部思い出し、そつなく実行する。乗っている飛行機は折り紙付き。自分がドイツ軍に負けない技量をもっていることも実績で証明ずみ。でもそれだけでは不足です。いつも幸運があなたと一緒に操縦席にいて、決して外へ逃げ出さないよう、必死で祈らなくてはいけません」

8月16日には、さらにもうひとりの将来のエース、第4戦闘航空群第334飛行隊のヘンリー・「ハンク」・ミルズ中尉が、パリ近郊でFw190を2機撃ち落とし、最終スコアの6機に向けて記録の積み重ねを開始した。ミルズもほかの多くのパイロット同様、一刻も早く第VIII戦闘機集団から撃墜のお墨付きを頂戴したいと願いつつ、これまで不確実撃墜と撃破しか果たせずにいた。実際ミルズに限らず、欧州戦線において、しかも1943年夏という時期にドイツ戦闘機を撃墜するのは、容易ならぬことだった。この時期米軍パイロットは、ドイツ空軍のなかでも最高の技量をもつパイロットの一団を相手にしていたのだ。同じ16日にはジム・グッドソン中尉(P-47C-5 41-6574)もパリ上空でFw190を2機撃墜、1機撃破した。

1943年8月は、第8航空軍が果敢な昼間爆撃を開始してからちょうど1年目にあたる、記念すべき月だった。これまでのところ、爆撃はそれなりに見るべき効果があったが、ワシントンの米軍中枢部は、ドイツにより深く侵入して、よ

個人専用機P-47C-5 41-6330/LM-Zの主翼の上に立つ第56戦闘航空群司令「ハブ」・ゼムキ大佐。彼は当初自分のニックネームにちなんだ車輪のマークと、ロシア語の「МОИ ТОВАРИЩ」(我が同志;ゼムキは教官としてソ連に赴任したことがある)とを胴体に描いていたが、この写真を撮影した直後にすべて消してしまった。この写真のオリジナル・プリントに鉄十字を描いた2個の撃墜マークが写っていることから、1943年6月13日(撃墜戦果を2機とした日)と8月17日(戦果を3機に伸ばした日)のあいだに撮影したものであろう。ゼムキは1943年8月以前の初期の撃墜を、全部この機体で果たしたと考えられている。

P-47は「お腹の赤ちゃん」と呼ばれたかなり不格好な200米ガロン（757リッター）落下タンクによって、初めて行動半径が増大した。写真は1943年7月28日、このタンクを装備した第4戦闘航空群第334戦闘飛行隊のサンダーボルトが、初のドイツ国内侵入を目指して離陸する風景。手前がヴァッツワフ・「マイク」・ソバンニスキ大尉のP-47D-1 42-7924/QP-F。ソバンニスキは1939年、ドイツ軍のポーランド侵攻時に陸軍歩兵として戦い負傷、親族のつてでパスポートを取得して米国に逃れ、1940年夏ニューヨークに到着後ただちにカナダへ赴き英空軍に入隊した。訓練終了後英国に送られて短期間第132、第164飛行隊で勤務したのち、再度パスポートの御利益を借りてデブデンに結成されたばかりの第4戦闘航空群に移り、Dデイに戦死するまで同航空群にとどまって活躍した。その間第334戦闘飛行隊長に昇進し、2.833機を撃墜、地上撃破3機の戦果をあげた。（ソバンニスキに関する詳細は本シリーズ「第二次大戦のポーランド人戦闘機エース」67頁を参照）
（via W Bodie）

り多くの目標を破壊するのが急務と考えていた。そして計画されたのが、シュヴァインフルトとレーゲンスブルクを同時に爆撃する、画期的な長距離侵攻作戦だった。この作戦の最大の問題点は、味方戦闘機の護衛なしで飛ぶ距離が長くなることで、事実8月17日に目標に向かったB-17編隊は、懸念された通り、米軍戦闘機の妨害を受けないドイツ空軍戦闘機群によって、手痛い損失を被ることになった。

ドイツ側はP-47の航続距離を正確に把握して、その援護が途切れる時間帯を最大限活用した。一方米戦闘機側も、爆撃機編隊からかなり離れたところで相当数のFw190とBf109を葬り去って、爆撃機が受ける重圧を弱めるのに成功したが、この戦いで特に目覚しい働きをしたのが第56戦闘航空群だった。シュヴァインフルトに向かうB-17の援護を命じられた同航空群のP-47編隊は、ドイツ軍が最近使い出した新戦法を事前に知らされていた。それは最初爆撃機と平行に飛びながらこれをいったん追い越し、5マイル[8km]ほど前方に出てからやおら反転して、一列に並んで降下しながら正面攻撃をかけるというやり方だった。これに対して第56航空群のサンダーボルト隊は、ドイツ機が定位置につくまでに先回りして、敵が攻撃を開始すると同時に爆撃機編隊の前方に急降下してこれをブロックし、次々と突っ込んでくる相手の列を乱す戦法に出た。ドイツ機が採用した新しい攻撃方法は、うまくいけばきわめて効果的で、重爆編隊にとって重大な脅威になるが、いったん列が乱れてしまうと収拾は困難で、最初大編隊だったのがバラバラの小さい群れに分裂し、威力がなくなってしまう。それがアメリカ側の狙いどころだった。

この時期のドイツ空軍は戦争末期と違ってまだ余力があり、米軍重爆相手の戦闘に、単座戦闘機とともにBf110、Me410の新旧駆逐機コンビと、Ju88などの双発機を投入する新戦術に打って出た。こういった大型の機体は、うまくいけば第8航空軍爆撃機の主力をなすB-17に対して、単座戦闘機と同等以上の破壊力を発揮できたが、P-47のような身軽な単座戦闘機相手では、まったく歯が立たなかった。

こういった新機種、新戦術に期待をかける敵を相手に、スピットファイアが出迎えてくれるアントワープ上空まで、爆撃機を援護しながら戦い続けた第56戦闘航空群のP-47は、決定的な戦果をあげた。なかでも語り草になったのは、第61戦闘飛行隊のジェラルド・ジョンソン大尉（この時も42-7877に搭乗）と、のちに5.5機を撃墜してエースとなったフランク・マコーリー中尉（P-47C-2 41-6271/HV-Zに搭乗）の、ふたりの射撃が同時に命中したBf110の爆発だった。大袈裟にいえば、その場にいた敵味方が、そろって手をとめて見とれたほどの大きな火の玉があがり、のちに証言したB-17の搭乗員とP-47のパイロットの言葉を借りれば、「あんな真っ赤な炎を見たのは初めて」とだれもが思ったほど、ものすごかったという。

ジョンソンはこのBf110に銃弾を浴びせたあと無意識に操縦桿を引いて、一大空中戦の現場の真上に出た。すると手ごろの位置にBf109が1機見えたので、それを目がけて降下、まず射弾が命中して破片が飛び散るのが見え、次にパイロットが脱出し、やがて機体が爆発して墜落した。続いてもう1機のBf109を捕捉して8門の「フィフティ」[.50インチ口径機銃]で2秒間斉射を浴びせると、簡単に墜落して地面に激突するのが見えた。

一方マコーリーも爆発したBf110に続いてFw190を1機撃墜、第63戦闘飛行隊のハロルド・カムストック中尉(P-47C-5 41-6320/UN-Yに搭乗)もBf109Fを1機落とした。カムストックの最終撃墜記録5.5機の第1号だった。僚機から遠く離れて、だれにも見えないところでたったひとり戦っていたカムストックは、狙った獲物に100ヤード[90m]の距離まで近づき、一撃で片翼を吹き飛ばしたのだった。

17日のシュヴァインフルトとレーゲンスブルク同時爆撃作戦で、第8航空軍が60機を超えるB-17を失ったことは、現地の司令部のみならず、陸軍航空の首脳部とワシントンの政治家たちにも大きな衝撃を与え、なぜこれだけ多くの犠牲が出たのか、計画通り1944年初頭までにドイツ空軍を押え込むにはどうすればいいのか、議論が沸騰した。しかし動転した陸軍航空隊本部の将軍たちは、一日で爆撃機編隊にこれほどの損害を与えるからには、それと引き換えにドイツ空軍側もとんでもなく高い代償を払ったはずだということを、客観的に指摘するだけのゆとりを失っていた。実際のところアメリカ側が強行する昼間爆撃を阻止するのは極度に困難な仕事で、爆撃機の熾烈な防御砲火と、日増しに強化される護衛戦闘機群のはたらきによって、ドイツ空軍の損害は加速度的に増えていたのである。

歴史に残る第一次シュヴァインフルト空襲の2日後、第56戦闘航空群第戦闘61飛行隊のジム・カーター中尉(P-47D-2 42-7960/HV-Jに搭乗)が、ヒルゼライエンの西方でBf109を1機撃破した。カーターはこのあとしばらく撃破と不確実撃墜を繰り返し、やがて次第に腕を上げて撃墜がこれに加わるようになり、最後にようやくスコアが規定の5機へと達して長いあいだの苦労が報われるという、通常のパイロットがたどるであろう典型的な過程を経て(もちろん規定に達せずに終わるパイロットも多いが)、エースとなるのである。カーターは1944年7月4日に栄冠を手にしたのち、11月18日にもう1機を追加して合計6機撃墜(いずれもP-47による)の記録を残すことになる。

第78戦闘航空群第84戦闘飛行隊のジャック・プライス大尉率いるP-47D-6の編隊。プライスは1943年11月26日、ここに写っている42-7461/WZ-Z「Feather Merchant Ⅱ」で5機目を撃墜、エースになった。写真の全機が赤い縁どりの国籍マークをつけ、胴体下に75米ガロン増槽を懸吊している。左頁の写真に写っている初期の巨大なタンクは与圧がないため、全容量200米ガロンのうち100米ガロンしか使えなかったが、この75米ガロンタンクは与圧されていて、ほぼ全量を使い切ることができた。このタンクの導入によって、初めてP-47の護衛戦闘機としての地位が確立したといっても過言ではない。
(IWM HU 73849)

1943年9月
September 1943

9月9日、あらたにノーフォーク州ボドニーに基地を構えた第352戦闘航空群が活動を開始した。すでに夏前にパイロットの移動を終え、夏の間P-47Dが必要な数揃うのを待ちながら、のちに5機撃墜のエースとなった司令ジョー・メースン中佐指揮のもと、着々と態勢を整えてきたのだった。慣例どおり、元第78戦闘航空群第82戦闘飛行隊長のハリー・デイハフ中佐がやってきて、実戦の準備を指導した。

まもなく出撃が始まったが、例によって敵との遭遇がなく、平和な日々が過ぎた。そして2回の「ロデオ」先導を終えた9月22日、第352航空群のパイロットたちが頼もしく見えてきたからもう大丈夫と言い残して、デイハフはダックスフォードの基地に帰っていった。一方ハートフォード州スティープルモーデンを基地とする、これも新しい第355戦闘航空群が、天候に邪魔されて2週間待機したのち9月14日に初出撃したが、これも何事もなく終わった。

9月23日には、のちにエースとなった第353戦闘航空群の作戦担当士官グレン・ダンカン少佐が、フランスのナント上空で最初の撃墜(Fw190)を記録したが、一方でジョージ・ディーツ中尉が敵戦闘機に撃墜され、戦死した。たまたま第353航空群内でダンカンと撃墜記録を競い合うかたちになった第351戦闘飛行隊所属のウォルター・ベッカム大尉も、この日同じくナント上空で初の撃墜(Fw190)を果たした。ベッカムはこのあと毎月1機の割合で着実に成績を伸ばし、1944年早々エースとなるのである。

戦闘から帰還したパイロットは、自分の部隊がその日あげた戦果を聞くと、一様に喜ぶものだ。特に手ぶらで帰ってきた者がそうなのである。だれもが次は自分の番だと思っているからだが、のちに7機撃墜のエースとなったジェイムズ・ポインデクスター中尉も、そうやって他人の手柄を喜びながら、首を長くして自分の番を待つていたひとりだった。そのポインデクスターも、この23日ようやく初の確実撃墜(Bf109)を得て、第352飛行隊の隊員一同に祝福され、本人も深い喜びに浸った。

第353戦闘航空群は、1944年10月にP-51Dへ転換するまでに5人のサンダーボルトエース、ベッカム、ダンカン、ポインデクスター、タナー、マグアイアーを生むが、最後のウィリアム・「ミッキー」・マグアイアー(第351戦闘飛行隊所属)は、9月27日にローデスホート南方でBf109を撃墜、さらにエムデン西方でもう1機を撃破したのを手始めに、P-47のみで短期間のうちにエースの座につき、その後P-51Dに乗り換えてからさらに2機を追加、合計7機撃墜の輝かしい記録を残すのである。

サンダーボルトで最初に列車を襲撃して「トレイン・バスター」の異名をとった第78戦闘航空群のクインス・ブラウンも、9月27日にエムデン西北でBf109を撃墜して、エースへの第一歩を踏み出した。この時ブラウンはP-47D-6 42-74753/WZ-Jに搭乗し、以後1944年5月まで一貫してこの機体を使い続け、合計10機撃墜の素晴らしい戦果を記録するのである。米陸軍航空隊にほかにたくさんの「ブラウン」がいたと聞いても、別に彼は驚きもしなかったろうが、その大勢の「ブラウンたち」が、終戦までに全部で53機もの敵機を撃墜したと聞いたら、さぞやびっくりしたであろう。

chapter 3

激戦

bloody battles

1943年10月
October 1943

10月の前半は第56戦闘航空群が大活躍した。まず副司令のデイヴ・シリング少佐が、2日から10日までのあいだに5機を撃墜した。最初は10月2日、シリングにとって初記録となったBf109に加えてFw190も撃墜(いずれもP-47C-5 41-6343/LM-Wによる)、それからわずか48時間後(P-47C-5 41-6347/LM-Oに搭乗)に今度はBf110を、8日(P-47D-1 42-7838/LM-Sに搭乗)にはまたFw190を、そして10日(P-47D-1 42-7870/LM-Rに搭乗)にまたもFw190を撃墜して、驚異的な短期間でエースの座についた。

のちにエースとなった第56戦闘航空群第63飛行隊の「バニー」・カムストック中尉も、4日にブルール上空でBf110を撃墜して戦果を2機とした。カムストックは、この時乗っていた彼専用のP-47C-5 41-6326/UN-Yに年末まで乗り続けるが、サンダーボルトは新旧世代交代が速かったから、そのころにはC型が旧式化して、滅多に見られない珍しい存在と化していたはずである。

第4戦闘航空群も10月の最初の10日間に、ドイツ国内まで爆撃機を護衛する「ラムロッド」を4回も遂行した。そのひとつ、10月8日の作戦では第334戦闘飛行隊のデュアン・「ビー」・ビーソン中尉(P-47D-1 42-7890/QP-Bに搭乗)がBf109を2機撃墜して(3機目は撃破に終った)通算戦果を6機とし、第4戦闘航空群初の「P-47だけで戦果をあげた」エースとなった。この「ラムロッド」では、かつて第4戦闘航空群がスピットファイアを飛ばし「イーグル」飛行隊を名乗っていた時代からのベテランで、今や335飛行隊の指揮官であるロイ・エヴァンス少佐(P-47D-1 42-7879に搭乗)も、単独飛行中のBf109を撃墜してエースとなった。エヴァンスは、1942年11月21日にスピットファイアMk Ⅴbで Fi156(フィーゼラー・シュトルヒ)を撃墜したのが最初で、次いでサンダーボルトに乗り換えて4機、最後に2回目の欧州勤務で第359戦闘航空群に移動してからP-51Dで1機(1944年11月)を、それぞれ撃墜している。

コクピットとエンジンカウルにカバーをかけ、ダックスフォード基地の掩体壕のなかに置かれた第78戦闘航空群第82戦闘飛行隊のP-47C-5 41-6345。キャノピーを覆うカバーにも、機体と同じコードレターMX-Rがきちんと書いてある。リチャード・ヒューイットは1944年3月16日、この機体を操縦してBf109を1機撃墜、1機を撃破した。(via T Bivens)

10月14日、第8航空軍のB-17がふたたびシュヴァインフルトとレーゲンスブルクを襲い、戦闘機と高射砲によりまたもや60機を撃墜された。この日の米軍護衛戦闘機は動きが鈍かった。目的地まで随伴できないのは元々でどうしようもないが、悪天候に阻まれて、充分な活躍ができなかったのである。それでも敵戦闘機ともっとも長時間接触した第353戦闘航空群が10機、第56戦闘航空群が3機撃墜を果たしたが、同じく護衛任務を与えられた第78、355両戦闘航空群のサンダーボルトは、完全に天候に邪魔されて敵と接触できず、第4戦闘航空群に至っては出発早々にデブデンに引き返すありさまだった。

10月の後半は気象状況が極度に悪化して、戦闘機の活動が妨げられただけでなく、爆撃機でさえ10月30日に予定されていたミッションを中止した。しかしこの間に、すでに10月2日にエースとなった第56戦闘航空群のボス、「ハブ」・ゼムキが、同じオランダ／ドイツ国境上空で18日にMe210を撃破、20日にFw190を撃墜した。続いて11月5日にFw190をもう1機撃墜して合計戦果を7機としたゼムキは、その直後一時的に司令の職をR・B・ランディ中佐に預け、第56航空群を去ることになる。しかし1944年1月にはなつかしの「ウルフパック」に復帰してふたたび司令となり、8月の移動までにさらに8機を撃墜するのである。

10月15日には、あらたに第356戦闘航空群が、リンカン州ゴックスヒルに展開した。これで英本土に駐在する戦闘航空群は、あわせて6個となった。

1943年10月10日に5機目と6機目を続けて撃墜し、エースになったジェリー・ジョンソン大尉。すでにコクピット横にはエースにふさわしい撃墜マークが描いてある。ジョンソンはP-47D-1 42-7877/HV-Dで最初の4.5機撃墜を達成、それから自分のP-47C-5 41-6532/HV-Tに戻った。写真の機体はおそらく後者と推定される。(IWM AP 968)

1943年11月
November 1943

11月5日、P-47D-6 42-74750/UN-Lを操縦する第56戦闘航空群のジョージ・ホール中尉が、エンシェーデ近郊でMe210/Me410を撃墜した。のちにエースとなったホールは、1943年2月末に同航空群第63戦闘飛行隊の一員となり、8月17日にP-47D-1 42-7896/UN-HでBf109を射撃して、命中したものの撃破に終り、その後8カ月にわたって戦果がなかったところへ、この日ようやく初勝利が訪れたのだった。ホールは、このあと2機目のサンダーボルトP-47D-11 42-75266/UN-Fを受領してから続けざまに成績を伸ばし、通算6機を撃墜するのである。

11月のもっとも意義ある記録は、第355戦闘航空群第357飛行隊ノー

愛機P-47D-5 42-8461/HV-P「Lucky」を背にポーズをとる、第56戦闘航空群のもうひとりの「エースのジョンソン」ことボブ・ジョンソン中尉。彼は愛機の名が示す通りトップクラスのエースとなりながらも、無事に1回目の前線勤務を終えることができた。これはその初期における撮影。

第56「ウルフパック」戦闘航空群で抜群の活躍を見せ、隊内でも人気の高かったウオーカー・「バド」・マハリン大尉。彼は1943年8月17日、9月9日、10月4日のたった3回の作戦任務で5機を撃墜、エースとなった希有なパイロットだった。彼の乗機は最初の9月9日だけがP-47C-2 41-6529/UN-Vで、あとはすべて戦時債券で献納されたP-47D-5 42-8487/UN-M「SPIRIT OF ATLANTIC CITY, N.J.」だった。写真で祝福を受けるマハリンが乗っている機体は後者である。(IWM NYF 11561)

1944年1月、ボブ・ジョンソン中尉の撃墜戦果が11機に達した。写真はその撃墜マークを書き込んだP-47D-15 4-76234/HV-P「Double Lucky」と本人。

マン・オスロン大尉の2機連続撃墜だった。のちに第355航空群唯一のサンダーボルト・エースとなったカナダ生まれのオスロンは、第50戦闘航空群の厳しい訓練を終えたのち、1943年3月、355航空群に移動。11月7日にアミアン上空で偶然照準器に飛び込んできたMe210/410を撃墜して初戦果をあげ、その6日後にズヴォーレ近くで今度はBf109Fを落とした。当時よくあることで、入隊が遅かったオスロンは専用の機体を割り当ててもらえず、1944年2月21日にドゥンマー湖上空でFw190を1機撃墜、1機撃破し、合計撃墜数を6機とするまで、P-47D-2、D-5、D-6型を転々と乗り継ぐのである。そして第355航空群がP-51に機種改変したのを機会に、ようやく専用機を受領するが、1944年4月8日、ツェレ=ホーファー近郊で対空砲火により撃墜され、戦死する。

11月11日には、56航空群のウォルト・クック大尉(P-47C-2 41-6193/LM-Bに搭乗)が、ボホルト近くでFw190を2機撃墜し、通算記録を4機とした。

第8航空軍は11月26日、405機のB-17と103機のB-24を動員して、ブレーメンの造船所と潜水艦修理ドックを爆撃した。この日は第8航空軍の戦闘機も、そのほぼ全数が爆撃機援護の「ラムロッド」に出動、デイヴ・シリングが指揮する56戦闘航空群のP-47も、胴体下に108米ガロン[409リッター]増槽を吊って、1030時に基地を離陸した。1145時、ゾイデル海上空でタンクを投棄した

軍のカメラマンに取り囲まれフラッシュを浴びる、第78戦闘航空群のユージン・ロバーツ少佐。なかなかの風格で、報道関係者に人気が高かったのもうなずける。彼がもたれかかっている個人専用機P-47C-5 41-6630/WZ-Z「Spokane Chief」に8個の撃墜マークが見られることから、1943年10月末の撮影と推定される。ダックスフォードにて撮影。ロバーツは9月末、のちに5機撃墜のエースとなったプライス少佐に第84戦闘飛行隊長の地位を譲って第78航空群副司令に昇格、次いで10月20日に写真の機体で最後の撃墜(Bf109F/G)を果たし、それから第Ⅷ戦闘機集団に転じて、以後デスクワークに専念した。第78戦闘航空群在籍中の出撃回数は89回だった。(IWM HU 73848)

サンダーボルトの機銃を点検するヒューバート・「ハブ」・ゼムキ大佐。第56航空群に実力をつける上で中心的役割を果たし、自身も43年10月エースとなった。敵機との戦闘と、1942年から1943年にかけて初期のサンダーボルトにつきまとった技術的な障害とによって、何回か危険な目に遭いながら、これを辛うじて切り抜けた。しかし1944年10月30日、第8航空軍の多くのエースと同じく、彼もまた機体から脱出して捕虜となるのである。(IWM EA 39048)

のち、合流点で予定通り爆撃機編隊を発見して接近すると、ロケット弾を装備したBf110とMe410の大群が、繰り返し攻撃をかけている真っ最中だった。ドイツ側は、攻撃するのは双発戦闘機だけで、爆撃機より数千フィート上空にBf109とFw190の群れがじっと待機して、いざとなれば双発機の援護に舞い降りる態勢をとっていた。現場に最初に到着した第56航空群第62戦闘飛行隊のP-47がただちに割って入り、味方11機の損傷と引き換えに、敵15機を撃墜した。

「レッドフライト」編隊のリーダー、「バド」・マハリンは、短時間のうちにBf110を3機撃墜し、1機を損傷させた。マハリンはこの直前、10月4日に3機(これで彼はエースになった)、11月3日に1機、それぞれ駆逐機を撃墜したばかりで、どうも駆逐機とはよほど「性が合う」らしかった。この日の彼の戦いぶりを、順を追って説明しよう。

まず最初1機のBf110を選んで真うしろに迫り、ごく近距離から射撃すると、機銃弾の直撃で主翼下面のロケット弾が爆発したらしく、主翼が大きな破片となって飛び散り、簡単に墜落した。そこまではよかったが、はっと気がつくと、いつのまにかB-17編隊のすぐ近くにきていた。修羅場の真っ只中で奮闘するB-17の機銃射手に、近づいてくるのが敵か味方か、冷静に見分ける余裕などあるはずがない。だから「重爆(ヘヴィー)」の防御砲火の威力を百も承知の米軍戦闘機パイロットは、普通は用心して編隊に絶対に近寄らない。それを不用意にも距離をつめてしまったので、曳光弾がさかんにキャノピーをかすめ、さすがのマハ

右頁下●第334飛行隊のデュアン・「ビー」・ビーソンの12機撃墜は、第4戦闘航空群のサンダーボルトのみによる個人記録としては最高だった。ビーソンのこの成功は、あくまでも推定だが、以前「イーグル」飛行隊の時代にスピットファイアで実戦を戦った古参搭乗員たちと違い、サンダーボルトに対して偏見をもっていなかったためであろう。ビーソンは最初カナダ空軍に入隊、それから英空軍の第71飛行隊に短期間在籍したが、スピットファイアで実戦に参加するいとまもないうちに、1942年9月末、英国に進駐してきた第8航空軍第4戦闘航空群が「イーグル」飛行隊を吸収した。以後射撃担当士官として活躍しながら17.333機という立派な撃墜記録を樹立し、1944年4月5日、高射砲により撃墜されて捕虜となるのである。写真でビーソンの背後に見える尾翼がめくれ上がった機体は彼の乗機。またビーソンが着用している救命胴衣には「ビーソン専用」[It's Beason's]の文字が見える。

リンも首をすくめながら逃げ出した。すると今度は、眼前の獲物に気をとられてマハリンに気付かないBf110が目に入り、一撃を加えると、敵は炎に包まれ落ちていった。

次に反転して水平飛行に移ると同時に、1000フィート[300m]下方に第三のBf110を発見、急降下して迫ると敵も同じく急降下して逃げ出した。しかし高度14000フィート[4300m]で追いついて、これも一撃で落とした。急降下は大きくて重いサンダーボルトの最大の得意技で、一緒に降下したら、まずたいていの単発戦闘機は追いつかれてしまう。まして双発戦闘機が逃げおおせるわけがないのである。にもかかわらずドイツ空軍の戦闘機は戦争の最後まで、この急降下して逃げる戦法を捨てなかった。これは第二次大戦初期の英空軍との空中戦で、彼らがいつも追跡をかわすのに使って成功した手で、その後通用しなくなったにもかかわらず、ひたすらこの古い戦法を繰り返していたのだ。

1943年10月、ダックスフォード基地で、第84戦闘飛行隊の「撃墜掲示板」に記録を追加する整備員。下から2段目のいちばん右に「9月27日、ピーター・ポンペッティー中尉、Me109」とあり、ユージン・ロバーツの分も4個ある。上段一番奥、つまり最初のマークは、5月16日のジョン・アービン大尉によるFw190撃墜となっている。第78戦闘航空群を構成する3個の飛行隊のなかで、じつは第84戦闘飛行隊は通算成績が撃墜96、不確実撃墜4、撃破26.5ともっとも低かった。参考に他の隊の成績を紹介すると、第82戦闘飛行隊が撃墜103.5、不確実撃墜10、撃破39.5、第83戦闘飛行隊が撃墜119.5、不確実撃墜11、撃破54だった。(Bivens)

こうして撃墜記録を一気に10機へと伸ばした「バド」・マハリンは、第8航空軍始まって以来の「二桁(ダブル)エース」の栄光に輝いた。マハリンの乗機は一部例外はあるものの、ほとんどの場合戦時債券で献納したP-47D-5 42-8487/UN-M「SPIRIT OF ATLANTIC CITY、N.J.」[ニュージャージー州アトランティック・シティの市民が献納したことを意味する]だった。

11月26日の戦闘では、ウォルト・クック大尉も自己の記録に2機を追加(これもBf110)、合計6機撃墜のエースとなった。クックについては、最初の4機を撃墜した時の乗機が自分の名前をもじって命名したP-47C-5「Little Cookie」だったこと、このあとこれといった戦績のないまま、1944年2月に一回目の前線勤務を終えて休暇でアメリカに帰ったこと、および通算で66回出撃したことが知られている。

「ギャビー」・ガブレスキーも、11月26日の戦闘でBf110を2機撃墜して合計をちょうど5機とし、待望のエースへの仲間入りを果たした。ギャビーはこのあと6回の「ダブル」[1回の出撃で2機撃墜]と1回の「トリプル」[同じく3機撃墜]を成し遂げて、欧州戦線随一の撃墜王になる。なお、この日、ヘイルズワースの基地に帰った彼のP-47D-5 42-8458/HV-Fを点検した整備員が、エンジンルームに妙なものが突き刺さっているのでよく見たら、それが20㎜機関砲の不発弾とわかって仰天するという一幕もあった。

11月26日に華々しい戦闘を展開し

たサンダーボルト部隊のうち、第352戦闘航空群には特殊な事情があった。9月9日に英国に展開して以来、これといった戦果のないまま、長いあいだおあずけをくっていたのだ。もう27回も出撃したのにことごとく空振りに終わり、このままでは自分たちが活躍する前に戦争が終わってしまうと、みんな心配顔だった。そこへ絶好の機会が到来したのである。ボドニー基地を発進した、ジョー・メースン中佐率いる第352航空群のP-47編隊は、高度27000フィート[8200m]を飛んで1225時、シュトルックリンゲン近郊で、帰還途上の重爆編隊と合流した。見下ろすと、眼下を飛行する混成爆撃機部隊は、「フォーツ」が整然と編隊を組んでいるのにくらべて、リベレーターは隊形が乱れていた。これではドイツ戦闘機の絶好の餌食になりかねない。グローニンゲンに近づいた時、6機のBf109が現れて、編隊からややはみ出した2機のリベレーターを狙って攻撃を開始した。それを見た第352航空群の「イエローフライト」と「ブルーフライト」両編隊は、第48戦闘飛行隊長ジョン・メイヤー少佐とジョン・ベネット中尉を先頭に敵を背後から攻撃し、メイヤー（P-47D-5 42-8529/HO-Mに搭乗）の1機を含め、Bf109計3機を撃墜した。

写真で操縦席に立っているのは、第78航空群第83飛行隊のウォレン・ウェッソン中尉で、撃墜数が規定の5機に達せず涙を飲んだ数多くのパイロットのひとり。正確にいうとウェッソンの記録は撃墜が4機、地上撃破が2機だが、当時第Ⅷ戦闘機集団が地上撃破を空戦による撃墜を同じ戦果と認定していたため、写真の撃墜マークの数でわかる通り、戦果6機のエースとして（この時は）認められていた。しかし戦後に新生米空軍が、この戦時のルールを無効とする裁定を下したために、ウェッソンと類似の記録をもつ「エース」たちが、全員失格の憂き目にあうことになった。（AFM）

　以上が11月26日、ブレーメン爆撃の援護にともなって発生した、空中戦闘の顛末である。第Ⅷ戦闘機集団は、この日撃墜36、不確実撃墜3、撃破9という、記録破りの戦果を収めることができた。

　最前線に展開した航空群のあいだでは、パイロットは普通移動しない。ところが例外もあって、ジョー・ベネット大尉は、1943年9月にヨーロッパ戦線に到着して、第356戦闘航空群第360戦闘飛行隊に所属したあと、珍しくも11月27日に第56戦闘航空群第61戦闘飛行隊に転籍した。そしてまるでそれを待っていたかのように、移動直後に突然スコアを積み重ね始めた。その最初が11月29日にメッペル上空で撃破したBf109であり、続いて5機を撃墜し、1944年4月4日、P-51Bに改変を終えた第4戦闘航空群第336戦闘飛行隊に再度移ってから、またまたFw190を2機撃墜、2機不確実撃墜、1機撃破（5月25日）する。しかし、それを無線で報告したのち、武運尽きたか空中衝突して（ベネットの、この5週間における2回目の衝突だった）脱出、敵地に降下して捕虜となり、戦歴を終えるのである。ベネットの最終スコアは撃墜8.5、不確実撃墜4、撃破3である。

　話は戻って、ジョー・ベネットが11

このP-47D-2 42-8369は、撮影時期が1944年初めであること、および「ウルフパック」の第61飛行隊に所属することだけが確かで、肝心のパイロットがだれであるかは不明。

第56航空群第63飛行隊ジョー・イーガン中尉のP-47C-5 41-6584/UN-E。ボケてはいるが、側面に描いた「ジョリー・ロジャー」海賊旗と、機名の「HOLY JOE」の文字(旗のなかにある)が写っているのは、これしかないという貴重な写真。イーガンはこの機体で最初の撃墜(1943年8月19日、Fw190)を果たし、それからD-10 42-75069/UN-EとD-15 42-75855/UN-Eを乗り継いでさらに4機を撃墜、1944年3月15日にエースとなった。しかし同年7月19日、第63飛行隊長に任命されてからわずか2日後に、ナンシー北東で対空砲火により撃墜されて戦死した。

月27日に第356戦闘航空群第360戦闘飛行隊を去った時、その一時的な後任としてマートルズハム・ヒース基地に派遣されたのが、第56戦闘航空群のエース、ジェリー・ジョンソンだった。彼は11月29日に着任、英本土に展開したばかりの同飛行隊に実戦の要領を指導しながら、1月24日にFw190を1機撃墜、1機撃破して隊員たちに立派な模範を示し、それから第56航空群に戻って、2月19日付で第63戦闘飛行隊の隊長となるのである。

11月の最終日の30日に、マックス・ジュケイム中尉が第78戦闘航空群第83戦闘飛行隊に転入、P-47D-6 42-74690/HL-Jを受領した。彼はこの機体を1944年に入ってからも使い続け、2月22日にアイントホーフェン東方でBf109、4月13日にボイヘンボイレン上空でFw190をそれぞれ撃墜、その後P-47D-22 42-26020/HL-Jに乗り換えて引き続き活躍するが、1944年5月28日に別のサンダーボルト(42-26016/HL-A)で空中衝突して脱出、捕虜となる。ジュケイムの通算戦果は撃墜9、不確実撃墜2、撃破2だった。

1943年12月
December 1943

第353戦闘航空群第351戦闘飛行隊のP-47D-6。第353はよく出撃し、よく戦い、機銃掃射と急降下爆撃に先鞭をつけた立派な航空群なのにもかかわらず、なぜか所属機の写真が少ない。(via Campbell)

のちにP-51に転換してから、第8航空軍内でも有数の「エースに恵まれた」部隊に変貌した第352戦闘航空群も、1943年暮の段階ではまだエースがひとりしかいなかった。ヴァージル・メロニー中尉である。第487戦闘飛行隊所属の

今や伝説中の人物となった欧州戦線随一のエース、フランシス・「ギャビー」・ガブレスキー。彼は欧州展開の当初から第VIII戦闘機集団に所属し、少なくとも9機のP-47に搭乗して、27機のドイツ機を撃墜した。もし1944年7月20日のバシンハイム飛行場攻撃(P-47D-25 42-26418に搭乗)で不時着していなければ、もっと記録を伸ばしたに違いない。(via J Lambert)

4個の撃墜マークと40個の索敵任務出撃マークを描いた、P-47D-6 42-74753/WZ-J「OKIE」の操縦席に立つクインス・ブラウン中尉。ブラウンはこの機体で最初の10機(いずれも単独)とDo217を1機(協同により認定戦果は0.333)撃墜、それからD-5 42-8574/WZ-DとD-25 42-26567/WZ-Vで各1機を撃墜した。最後の撃墜(Bf109)は1944年9月1日だったが、その5日後、乗っていたP-47D-28 44-19568/WZ-Zに対空砲火が命中して、シュライデン上空で機外に脱出して捕虜となり(この時は少佐)、その直後親衛隊将校の手にかかって殺害された。この将校は戦後の軍事裁判で処刑されたが、米軍パイロットでブラウンと同じ運命をたどった者がきわめて少ないことを考えると、運が悪かったとしかいいようがない。(IWM EA 16830)

メロニーは、12月1日レイデ近郊で初の撃墜(Bf109)を果たし、さらにその日のうちにMe210/410を協同撃墜した。彼はこの時の乗機P-47D-5 42-8473/HO-Vをその後もずっと使い続け最終的に9機撃墜を果たすのである。

同じ12月1日に、かつて第4戦闘航空群にいたことのある、第78航空群第82戦闘飛行隊のジェイムズ・ウィルキンソン中尉も、オイペン上空で発見したBf109Gを追跡してこれを仕留め(P-47D-1 42-7954/MX-Lに搭乗)、初の勝利をあげた。ウィルキンソンは最後6機まで撃墜記録を伸ばしながら、1944年6月4日、サウスウェールズを飛行中事故に遭って墜落、死亡する。

12月11日、600機におよぶ米重爆の大編隊がドイツに向かい、戦闘機隊は全力でその護衛に当たった。第3爆撃師団の先頭2個編隊に「燃料の続く限り」奥地まで随行するよう命令を受けた第56戦闘航空群のサンダーボルトは、まだ大陸沿岸に到達しないうちに、フリーシェ諸島上空で早くも敵戦闘機と接触した。こちらの30000フィート[9150m]に対して、敵12機の高度は35000フィート[10700m]、しかもこちらと同方向に飛びながら、太陽を背に攻撃するチャンスをうかがっているらしく、近づいてこない。待つことしばし、やがて敵は第62戦闘飛行隊のP-47編隊に向けて降下を開始した。彼らの意図は明白だった。ここで第56戦闘航空群の3個飛行隊を空戦に巻き込んで足止めを食わせ、この先の爆撃機護衛を手薄にしようというのだ。だがアメリカ側の編隊指揮官ボブ・ジョンソンはその手に乗らず、第62戦闘飛行隊に迎撃を命じて、自分は残りの編隊とともに合流点に向けてそのまま飛び続けた。

その直後、迎撃に向かった第62戦闘飛行隊に対して、総勢16機のうちの4機を本隊に戻すよう無線で指示が飛び、次の瞬間、悲劇が起きた。命令に従って反転したラリー・ストランドとエド・クルーアーのP-47が空中衝突したのである。しかしすぐにパラシュートが2個開き、ふたりが無事脱出した様子に、隊員たちは安堵の胸をなでおろした。

合流点に到達すると、重爆編隊は、40機に余る駆逐機と、60機もの単発戦闘機による、機銃とロケット弾の猛攻撃に曝されていた。だがそこへ突入したガブレスキーがのちに語ったように、P-47の出現で、敵は文字通り大混乱に陥った。先頭に立ったボブ・ジョンソンが手近のBf110を撰んで背後に迫ると、後部座席の射手の知らせで危険を悟ったパイロットが急降下を開始した。ジョンソンは、双発機が空中分解もせずに、よくアクロバット飛行に耐えるものだとなかば感心しつつ、低空まで追跡して、敵が引き起こしたところを射撃すると、あたかもそれを待っていたかのように、Bf110はバラバラになって墜落した。

この日、第56戦闘航空群第61戦闘飛行隊のポール・コンガー中尉(P-47D-11 42-75345/HV-Tに搭乗)は、ラーンゲオーグ島上空でBf110を2機とJu88を1機撃墜した。9機の撃墜を残したコンガーの、これが最初の戦果だったが、彼はこのあと3機目を落としてからしばらくチャンスに恵まれず、1944年春に4機目と5機目を撃墜して、ようやくエースになるのである。

12月13日、あらたにノーフォーク州イ

デイヴ・シリング中佐が胴体着陸させたP-47D-1 42-7938/LM-S。こうなってしまったら廃棄処分にして、部品の補給源として活かす以外使い道がない。これも戦時債券で献納した機体でだから「HEWLETT-WOODMERE LONG ISLAND」と、債券を購入した人たちの住む都市の名がついている。シリングは1943年10月から11月にかけて、この機体で3.5機を撃墜(いずれもFw190)、1機を撃破(Me210/410)した。(via Bodie)

ースト・レトハムに基地を開いた第359戦闘航空群のP-47Dが、初めて実戦に参加した。第359航空群は英本土への展開が遅かった上に、すぐP-51に転換したため、P-47による撃墜戦果はレイ・ウェットモア中尉の4.25機とロバート・ブース中尉の4機が最高で、サンダーボルトのエースは出なかった(このふたりは機種改変後エースになる)。

12月19日、アリゾナのルーク基地で訓練を終えたばかりの新人で、のちにエースとなったデイヴ・スウェイツ中尉が第356戦闘航空群に着任し、第361戦闘飛行隊の一員となってP-47Dを受領、早速出撃を開始したが、いっこうに戦果がなく、初撃墜は1944年初めまで持ち越しとなった。同じ第356航空群の第359戦闘飛行隊長で、のちにエースとなったドン・バッカス少佐も、11月9日にBf109F/Gを落としたものの、サンダーボルト(P-47D-5 42-8568/OC-Tに搭乗)による記録はそこまでで、のちにP-51に転換してから合計5機撃墜を果たすのである。

この時期第353戦闘航空群司令の地位にあったグレン・ダンカン中佐も、4機を落としたあと長らく不確実撃墜と撃破が続いて不運を嘆いていたが、12月20日にラステーデ上空でFw190を撃墜し、ようやく念願のエースの資格を獲得した。同じ日に第56戦闘航空群第61戦闘飛行隊のジョー・ベネット大尉が、ファルケンブルク上空で初めての撃墜(Bf110)を記録した。ベネットは以後順調にスコアを積み重ね、ほどなく「ウルフパック」のエースに仲間入りすることになる。

1944年1月
January 1944

1月4日、ミッションを終了して基地に戻ったピーター・ポンペッティ中尉が、ケースフィールト近辺における撃墜(Bf109)と撃破(Fw190)を、第84戦闘飛行隊の情報係に正式に認められ、晴れてエースとなった。

1月の前半は、のちにエースになる

写真のP-47D-10 42-75126/QP-Fは、コードレターを「スター&バー」[国籍標識の左右に矩形を追加したもの]の前方にまとめて描いた珍しい例(P-47D-10 42-75126/QP-F)。製造工場がなぜか国籍マークを後方にずらして吹き付けたために起きた現象で、部隊の意図によるものではない。可動状態にある機体は貴重なので、マーキング変更のためにわざわざデブデンの整備工場に送られるはずがないから、おそらく次の定期点検整備の時まで待ってから塗装し直したに違いない。本機は第4戦闘航空群の所属で、「マイク」・ソバンニスキ大尉がもっとも多く使った。操縦席の前に白で「Mike IV」と名前が書いてある。

多くのパイロットたちにとっても、実りある日々となった。そのひとり、第56戦闘航空群第61戦闘飛行隊のジム・カーター大尉は、同隊の隊長に任命された翌日の11日に初撃墜(Bf109)を果たし、帰還後の写真判定でもう1機の撃破(これもBf109)も公認された。カーターはこれとは別にもう1機の撃墜も申告したが、そちらは不確実撃墜に格下げされてしまった。彼はその後のミッションでも好成績を収め、戦争終結まで第61戦闘飛行隊の指揮をとりながら、137回の出撃を果たすのである。

1月14日には、第4戦闘航空群第336戦闘飛行隊のヴァーモント・ガリソン中尉(P-47C-5 41-6573/VF-Sに搭乗)が、コンピエーヌの森の上空でFw190を捕捉、初の確実撃墜を記録したのち、さらにもう1機も撃墜した。彼はこれ以前にJu88(12月16日)とFw190(1月7日)に命中弾を与えながらともに撃墜に至らず、前者は協同撃破、後者は単独撃破に終わっていた。ガリソンは、2月10日に早くもエースとなり、最終的に6.333機を撃墜して、第4航空群で「ビー」・ビーソン(12機)に次ぐ好記録を樹立するのである(ハンク・ミルズとジム・グードソンがそれぞれ5機撃墜で3位タイ)。

1944年に入ってから、第56戦闘航空群の一部の古参パイロットが、1回目または2回目の欧州勤務満期を迎えて、一時休暇で本国に帰る姿が目立ち始めた。これを見て戦力の低下を心配した「ギャビー」・ガブレスキーは、司令のゼムキ大佐に、英空軍戦闘機隊に編入されて戦っているポーランド人パイロットを「召集」する案を打診した。ポーランド系移民の血を引くギャビーはポーランド語が達者で、かつて英国到着早々交換要員を志願して「自由ポーランド部隊」に転入し、英空軍第315飛行隊に属して1942年12月から1943年2月までの3カ月間に13回出撃し、実戦経験を積んだことがあった。だからその時一緒に過ごしたポーランド人パイロットたちとは、ごく親しい仲だった。

ジャック・オーバーハンスリー少佐の2番目の乗機、P-47D-1 42-7883/MX-X「IRON ASS」。1943年5月14日、記念すべき初戦果(1機撃破)をあげた最初の乗機P-47C-5 41-6542/MX-Wのニックネームを、そのまま継承したもの。1943年8月から翌年5月にかけて、第78戦闘航空群第82戦闘飛行隊長を務めたオーバーハンスリーは、あるいはそれが趣味なのか、たとえばこの写真では撃墜マークがオリーブドラブ塗装の上にじかに描いてあるが、その後キルマークがよく見えるように、わざわざ黒の下地を塗ってその上に書くように変更するなど、常に工夫を凝らしながら変更を加えていた形跡がある。オーバーハンスリーは、写真の機体で1943年9月から11月のあいだに撃墜2機と不確実撃墜1機を記録、その後もっと新型のP-47D-11 42-75406/MX-Zに乗り換えて3、4、5番目の撃墜を果たすのである。そして最後の撃墜(Ju88)を果たしたのちの1944年8月28日、第78戦闘航空群副司令に就任している。(via Bodie)

1943年11月末もしくは12月上旬、「ベイビー」(胴体下増槽のこと)を吊って爆撃機護衛にダックスフォードを出発する、第84戦闘飛行隊のサンダーボルト。いちばん手前のP-47D-6 42-74641/WZ-Z「Feather Merchant II」は、ジャック・プライス少佐の乗機。プライスは11月26日、これに乗ってパリ近郊でFw190とBf109各1機を撃墜してエースになった。写真ではコクピット横の撃墜マークが、すでに5個になっている。(via Bodie)

ギャビーがこの名案を考えた1944年初頭には、英軍戦闘機は敵と接触するチャンスを事実上絶たれていた。スピットファイアMkIXの比較的短い行動半径の範囲内に、ドイツ戦闘機が現れなくなったからである。ドイツ空軍は今や目標を重爆編隊一本にしぼり、しかも攻撃の効果を高めるために、サンダーボルトが燃料切れで到達できない空域に戦闘機の主力を集中しつつあった。そうでなくても、フランスとベルギーの基地が、日ごと連合軍中型爆撃機の攻撃に曝される状況では、東に向けて撤退せざるを得なかったのである。

これでは、英空軍の戦闘機パイロットがいくら口惜しがっても手の出しようがなかった。また、ドイツへの復讐を誓ったポーランド人パイロットたちにとっても、状況は同じだった。ギャビーはこれを承知の上で「ハブ」・ゼムキの許可をとり、地上勤務に飽きた自由ポーランド軍パイロットに、交代要員を志願して空席を待つか、なんなら除隊して米陸軍航空部隊に入り直したらどうかと持ち掛けたのだった。そしてやってきたのが「マイク」・グワディッホ、タデウッシュ・サヴィッチュ、ヴィトルッド・ワノフスキ、ズビグニエフ・ヤニツキ、タデウッシュ・アンデルッシュらだった。彼ら全員が第56戦闘航空群に入隊を希望したのは計算通りで問題なかったが、ハタと困ったのが給料の支払いだった。英空軍に籍を置くポーランド空軍司令官が、米軍に移ったパイロットは英空軍を除隊したものとみなす決定を下し、また一方で米軍がポーランド人パイロットの助力を歓迎しながらも、軍の正式採用手続きを経ない者に報酬を出せないと言い出したのが重なって、給与を支払う道が閉ざされてしまったのだ。

これを聞いて憤慨した第56戦闘航空群の米国人パイロットたちが、さっそく月ごとの募金運動を展開してくれたおかげで金の問題はどうにか解決した。それでも彼らの服装ま

第8航空軍のサンダーボルトの損耗率は、異常に高まったこともなければ下がったこともなく、ほぼ一定の線をたどった。戦闘で傷ついて草地に不時着したこのP-47C-5 41-6367は、「修復不可能」と判定されれば別だが、おそらく大修理を受けて再生され、また原隊に復帰したに違いない。

では面倒を見ることができず、全員が着のみ着のままの姿、つまり英軍の制服で隊内を闊歩するという何とも妙な事態になった。だが第56航空群ではだれも気にしなかった。空戦で腕前を発揮してくれればいいのであって、服装などどうでもよかったからだ(この事件の詳細については本シリーズ第10巻「第二次大戦のポーランド人戦闘機エース」第7章を参照)。

右頁上●爆撃機の横で派手なバンクを見せる、マイク・カーク大尉のP-47D-11 42-75242/LM-K。おなじみの、爆撃機の側面銃座から撮影した写真。撮影された1944年の初めころ、サンダーボルトはまだ翼下にラックを懸垂していなかったので、主翼左右の国籍マークの大きさの違いがはっきりわかる。本来マークは右下面だけにあるのが正規で、左側のマークは英本土到着後に現地整備員が追加したもの。カークは彼をエースにした記念すべき5機目の撃墜(アルメロ近郊、Bf109)を含め、累計撃墜戦果11機のうち6.5をこの機体で稼ぎ出した。(via Bodie)

こんな苦労までしてベテランポーランド人パイロットの助力を仰いだ理由は単純だった。アメリカから英本土の各基地に送られてくる新人パイロットが、本国で訓練過程を終了したとはいっても、実際には戦闘機を乗りこなすだけの充分な技量を身につけていなかったのである。この状況は、1944年に入っても一向に改善されなかった。訓練を「受けた」側の生徒ならまだしも、訓練を「施した」側の教官でさえもがそうだったから、救いようがなかった。その例が、米本国で教官を務めてから第353戦闘航空群に配属され、1944年一杯をサンダーボルトで戦ったマーヴィン・ブレッドソーだろう。無事最初の前線勤務を終えて、一時休暇で本国に戻ったブレッドソーは、欧州戦線に送られた昔の教官仲間7名のうち生き残ったのが2名だけで、あとは6月から10月のあいだに全員戦死したと聞かされて、唖然としたというのだ。

これも爆撃機からの撮影。第353戦闘航空群第351戦闘飛行隊所属のP-47D-1 42-7906「Chief Wahoo」。パイロットは、1944年8月、飛行隊長に就任したフレッド・ルフェイバー大尉。(via Bodie)

さて話を本筋に戻すと、ボッティスハム基地に展開した新参の第361戦闘航空群が、1月21日に初出撃を行なった。のちにP-51に転換してから、そのあざ

次の出撃に備えて待機する第56戦闘航空群第61戦闘飛行隊のP-47D-2 42-8369。当時比較的多かったステンシル塗装のコードレターと、あきらかに塗装し直した国籍マークの赤い縁どりが目立つ。これも欧州戦線に配備された多くのP-47同様、めぼしい戦果に恵まれずに終わった1機。

もっとも苦手とする機動(上昇のこと)を披露しつつ、爆撃機から遠ざかる第62戦闘飛行隊のP-47D。

やかな黄色の識別塗装にちなんで「イエロージャケッツ」と呼ばれたこの航空群も、1944年1月の時点ではまだほかの航空群同様、地味なオリーブドラブ塗装のP-47Dを使っていた。そしてその後5カ月間の戦いで、第375戦闘飛行隊長のジョージ・メリット少佐が3機撃墜を果たすが、P-51への転換前の記録としてはこれが最高となるのである。

悪天候に阻まれて1月の後半は活動を控えていた爆撃機部隊は、気象状況の好転を待って、30日にハノーヴァーとブルンスヴィックを爆撃した。この日の敵味方の勢力バランスは重爆742、護衛戦闘機635に対して、迎え撃ったドイツ戦闘機の数が約200で、圧倒的に米軍側が優勢であり、結末もまたその通りになった。米軍側はこの日だけで撃墜45、不確実撃墜15、撃破31を達成し、損失比にすると10対1の大戦果を記録した。戦闘の終了間際に、ヴァージル・メロニー中尉がBf109を撃墜し、彼はこの戦果により352戦闘航空群初の、そしてあとにも先にもたったひとりの、戦果のすべてをP-47だけであげたエースとなった。メロニーはこの日の空戦の様子をこうに語っている。

「私が『クラウンプリンスブルー』編隊の先頭に立って30000フィート[9150m]を飛行中、12機またはそれ以上のMe109を発見して、攻撃しました。相手が12時方向からこちらに向かってきて、こちらが7時の方向に尻を向けて突っ込んでいく反航戦になり、私がいちばん低い位置にいる1機に狙いを定めて、距離400ヤ

かつてはエースが搭乗したこともあるサンダーボルトのいささか気の毒な姿。この第56戦闘航空群所属のP-47D-5 42-8458は、本来英空軍から同航空群第61戦闘飛行隊へ1943年末に転入した「マック」・マクミン准尉が受領したもの。ところが彼が果たした総計5機の撃墜記録にこの機体が関与したという記録は、(風防の下に5個の撃墜マークがかすかに見えはするが)いっさいない。そのかわりというか、フランシス・ガブレスキーをはじめとする何人かのトップエースが、入れ替わり立ち替わりこの機体に搭乗した(「ギャビー」は本機で合計3機を撃墜し、このうち1943年11月26日に撃墜した2機目と3機目によってエースの座についた)。マクミンはDデイに行方不明になった。

ード[370m]から10ないし15度の見越し角で引き金を引くと、弾が命中するのが見えました。でもあっという間にすれ違ったので、結果はわかりません。急いで180度旋回すると今度は4機編隊が見えたので、いちばん手前の奴を狙って今度も400ヤードから射撃を開始し、最後150ヤード[140m]に接近するまで数回短い射撃を繰り返しました。最後に一撃した時、敵は高度10000フィート[3050m]を垂直降下中でしたが、右側の主翼がちぎれ、なんと、エンジンが機体から脱落するのが見えました。こういう時こっちは急降下してもゆとりがあって、その気になればいつでも追い越せる感じで、楽でした。それから水平飛行に移って、まだ全部揃っていませんでしたが、集まりかけていた仲間に合流しました」

前頁の写真と同じ機体。もちろん時間的にはこちらの写真の方があとだろう。前回は胴体を擦っただけですんだのに、こんなことになろうとは！　脚が出ているところを見ると、着陸滑走中につんのめってトンボ返りしたに違いない。こうなるとカテゴリーE、すなわち廃機処分は確実だ。

メロニーのウイングマン、第487戦闘飛行隊のロバート・ロス中尉もBf109を1機撃墜、1機撃破して、合計撃墜記録を2機とした。帰還したメロニーのP-47Dの胴体側面には、早速5個目の鉄十字マークが追加され、大喜びの整備員たちは次の戦闘でメロニーがふたたび勝利を収めるよう祈りつつ、空気抵抗を減らそうと、懸命に機体表面のワックスがけに励むのだった。そしてメロニーもそれに答えて、3月16日までに記録を9機に伸ばすが、第352戦闘航空群がP-51Bに機種改変したあと運に見放され、4月8日、地上砲火により撃墜されて捕虜となってしまう。

1月30日、クインス・ブラウンが5機目の戦果となるBf109を撃墜したが、その際敵機すれすれに近づいたので、主翼下面に懸吊した20㎜機関砲のゴンドラと落下増槽がはっきり見えたと報告した。

1944年2月
February

この月は出足が悪く、前半ひとつだけあった目覚しい戦果は、グラント・ターリー中尉がオスナブリュック近郊で2機のBf109を撃墜したことだ。ターリーは1943年9月に第78戦闘航空群第82飛行隊へ着任、以後機体片側に「KITTY」、反対側に「SUNDOWN RANCH」とふたつのニックネームを書いたP-47D-1 42-7998/MX-Nを専用に使い続けて、最後に撃墜6機の優秀な成績を残すのである。この6機のうちの2機が、2月11日に成し遂げた「ダブル」（Fw190とBf109）だった。ひとつの機体にふたつの名前というのもそうだが、ターリーには変った点が多く、そのひとつはおそらく射撃が上手だったせいか、記録に不確実撃墜と撃破がないのである。また撃墜したのがすべて単座戦闘機というのも特徴的だが、さらにパイロットとしての全盛期の短かさにおいても、ターリーは例外だった。なぜなら、最初の撃墜を記録してからわずか1カ月後の3月6日に、ドイツのバレンベルク近郊で空戦中に撃墜され、戦死してしまったからだ。

2月20日、「ウルフパック」のサンダーボルトが、ハノーヴァー西方でBf110の大群を発見した。きっちりしたフィンガー・フォアを組んで飛んでいるその駆逐機編隊は、自分たちの身に迫る危険にまったく気づく様子がなかった。こうなると水面に浮かぶ鴨も同然、たちまちガブレスキーが2機を撃墜、1機を撃破した。第61戦闘飛行隊のドノヴァン・スミス中尉も1機を撃墜した。これは浅い角度で上昇しながらゆっくりと左エンジンに狙いを定め、それからごく短い射撃で左側の増槽を爆発させるという、まるで教科書、それもうんと昔の教科書に書いてあったような古典的な攻撃だった。この日捕捉されたBf110は全機が増加タンクを装着していたから、エンジンを狙った弾丸がほとんどそのまま機外タンクにも命中することを最初から計算した攻撃法で、スミスのガンカメラがその一部始終をはっきりととらえていた。ドノヴァン・スミスには前年の12月11日に、1回の出撃で2機のBf110と1機のFw190を撃墜した戦果があり(後者は協同撃墜)、2月20日の2機と、その2日後に仕留めたFw190 1機により記録が撃墜5.5、不確実撃墜1、撃破2に伸びて、見事エースの座についた。

2月20日に同じく目覚しい活躍を見せ、その結果が待望のエースタイトル獲得につながったのが、同じ第56戦闘航空群所属のルロイ・シュライバーだった。シュタインフーダー湖上空でBf109を一度に3機撃墜し、さらにDo217とBf109を撃破したのだ。

その24時間後、今度は第56戦闘航空群「ポーランド人飛行隊」の創設以来のメンバーである「マイク」・グワディッホに運が向いてきた。グワディッホは1941年6月以来英空軍に在籍して8機を撃墜、それから「ウルフパック」に移ってきた大ベテランで、転入早々からその腕前を評価されて、編隊長を務めていた。そして21日に転入以来初の撃墜(Bf109の「ダブル」)を披露したあと、トントン拍子でスコアを伸ばし、最後に撃墜18、不確実撃墜2、撃破0.5という、米軍トップエースにも匹敵する素晴らしい記録を残すのである。最終戦果22.5機

機首のダイヤ模様と片側4挺の12.7mm機銃が誇らしげな、第353戦闘航空群のP-47D-15「FRAN and DOADY」。紙製の108米ガロンタンクを3個吊っている。前に立つパイロットは、第351戦闘飛行隊のジョージ・パーペンティ中尉。彼は同隊第1位のエース(と同時にこの時点で欧州戦線最高のエースでもあった)ウォルト・ベッカム少佐のウイングマンだったが、ベッカムは1944年2月22日に対空砲火に撃墜され、戦死した。パーペンティ自身の記録は、少数の空中撃破と地上での破壊のみで、後者には、撃墜される寸前のベッカムと協同で地上撃破したFw190の0.5機が含まれる。(via Bodie)

撃墜の大記録を達成したデイヴ・シリングをして「勇敢、大胆を通り越して目茶苦茶乱暴なターザンパイロット。あんな無茶ばかりやって、どうして生きていられるのか、だれにもわからない」といわしめたグワディッホは、「あいつ、長くはもつまい」というハタの心配をよそに、いつも涼しい顔で帰ってくることで有名だった。その戦いぶりを本人の口から聞いてみよう。

「爆撃機を護衛してドイツ上空で空中戦になり、気がついたら低空に降りていて、私の横と上を、3機のフォッケウルフがかためていました。こちらが攻撃しようとすると、さっと離れて一定の距離を保ち、こちらを近づけません。仕方がないので、森の木の梢すれすれまで降下したら、敵はノコノコとついてきました。まさに思うつぼです。あっちこっちと引っ張り回して1機をとらえ、簡単に片づけました。しかし射撃の瞬間だけはどうしてもまっすぐ飛ぶことになるので、そこを別の1機に上から狙われて、主翼に穴を開けられました。そのうち燃料が危なくなってきて、追いかけっこをやめて帰ろうとしたら、残りの2機のフォッケウルフが私の横を並んで飛びながら、さかんに着陸しろと手で合図します。どうやらこちらが完全ガス欠になったと勘違いしているようなので、一計を案じて「わかった」と手信号を送り、彼らの前方に出てしばらく飛んでいたら、ドイツ軍の飛行場が見えてきました。

「私は着陸するふりをして、いきなり飛行場に向かって機関銃をぶっ放しました。さあ大変、たちまち全部の対空火器が火を吹いて、私のすぐうしろをくっついて飛んでいたドイツ機2機のまわりにも、曳光弾が乱れ飛ぶのが見えました。もう長居は無用です。あとも見ずに一目散に逃げました」

このあとグワディッホは乗機の燃料が底をついて、海峡を渡り切ったところで機を捨てて脱出、パラシュート降下した。ところが強い訛りと怪しげな服装から英陸軍将校の尋問を受け、ドイツ人ではなくポーランド人とわかって釈放され、無地基地に帰ってきた。グワディッホは、彼いうところの「実戦でためしたなかでは最高の戦闘機」で、しかも75000ドルもする貴重なP-47をみすみす捨てる破目になったことを、ひどく悔やんでいたという。

第353戦闘航空群351戦闘飛行隊のウォルター・ベッカム少佐。前頁の写真説明で触れた通り、彼は1944年2月8日、サン・ウベール近郊でBf109（17機目）とFw190（18機目）を撃墜して、一挙に第8航空軍きってのエースとなった。ベッカムが受領したP-47はD-5 42-8476/YJ-X「LITTLE DEMON」しか知られていないが、対空砲火の犠牲になった日は、さらに新型のP-47D-11 42-75226に乗っていた。その新しい機体を彼が何回使ったかは謎である。

chapter 4

総力を挙げて

maximum effort

欧州戦線におけるP-47は、1944年2月中旬、その絶頂期に立った。第8航空軍の8個の戦闘航空群(1月に第358戦闘航空群が第9航空軍に移籍し、入れ替わりにP-51Bに改変ずみの第357戦闘航空群が転入する大規模な移動があったが、その際前者の転出の遅れによりほんの短期間、9個に膨らんだことがあった)のサンダーボルトの総数が、550機に達したのだ。P-47以外の戦闘機は150機のP-38と、増強途上のほぼ50機のP-51Bがあるだけだった。そして2月22日、この第8航空軍のP-47が、応援に駆けつけた第9航空軍第358および第365戦闘航空群のP-47とともに、大挙して出撃した。

この日もっとも目覚しい戦果をあげたパイロットは、第56戦闘航空群第61戦闘飛行隊の編隊長、レス・スミス大尉だった。これまでの戦果が2機撃破どまりだったスミスは、ドイツ領リプシュタット上空で初の完全勝利を成し遂げ、Fw190を2機撃墜した。同じ第61戦闘飛行隊の「ギャビー」・ガブレスキーも、スミスと同じ空域でFw190を1機血祭りにあげた。こうして22日中に、第61飛行隊はその撃墜数を通算100機に伸ばし、欧州戦線初の「3桁の撃墜記録」を達成したが、一方で、第VIII戦闘機集団きってのエース、ウォルター・ベッカムを地上砲火で失った。

ベッカムが所属する第353戦闘航空群は22日、出だしからつまづいた格好になった。出発前のブリーフィングで指示されたエスコート相手のB-24編隊を、合流点で待ち受けたが、いっこうに現れる気配がない。それもそのはず、爆撃隊は悪天候のため一方的に出撃を中止してしまったのだった。そうとは知らない護衛部隊は、仕方なく付近を旋回しているうちに、まったく知らないB-17の3個編隊に出会い、自然とそれについて行くかたちになった。ところがドイツ上空に到達したら、今度は敵戦闘機の影がまったくない。それで重爆編隊と別れて索敵行動に移り、しばらくして航空群司令のグレン・ダンカン中佐が、ボン北東の飛行場に敵機が並んでいるのを発見した。ダンカンはベッカムの第351飛行隊に上空の警戒を命じて、残りのサンダーボルトとともに降下、地上攻撃に移った。

先頭に立ったダンカンは、自身が猛烈な対空砲火を浴びたため、後続の部下たちに高度を下げて攻撃するよ

自分のP-47Dの操縦席で軍の報道員ビル・ハーストと歓談する、第78戦闘航空群司令ジェイムズ・ストーン大佐。ストーンは、まだ第83戦闘飛行隊長を務めていた1943年5月14日に、第78航空群における最初の撃墜を記録した。その後エースにはならなかったが、P-47を長距離護衛戦闘機に育て上げる上で中心的役割を果たした。

う警告した。やがて上空にいたベッカム（P-47D-11 42-75226に搭乗）にも番が回ってきて、425mph［680km］の猛スピードで突っ込みながら、縦一列に並んだ6機のFw190を銃撃して上昇に移った瞬間、対空砲火が命中、エンジンから炎と煙が吹き出した。最悪の事態に覚悟をきめたベッカムはキャノピーを開いて機外に脱出し、パラシュートで無事地上に降りた。ベッカムを捕虜にしたドイツ軍は、大満足だったに違いない。なにしろ撃墜18、不確実撃墜2、撃破4という記録の持ち主である。歓迎されないわけがないのだ。この日の第353航空群の損失は、ベッカムのほかにアントワープ上空の空戦で1機、地上攻撃で2機を数えた。

第8航空軍の戦闘機部隊のなかで、欧州への展開が8番目になった第355戦闘航空群（第352戦闘航空群とほとんど同時だったが、ちょっとだけ遅れた）のP-47D-2（42-8400）。第354戦闘飛行隊所属で、コードはWR-E。スティープルモーデン基地を飛び立って、冬には珍しい太陽の光を浴びながら、爆撃機と並んで目標に向かうところ。撮影は1944年初め。

労多くして報われなかった飛行場襲撃に比べて、同じ第353航空群がケルン近くで巻き込まれた空中戦闘の方は、華やかだし獲物も多かった。まず第352飛行隊所属のジェイムズ・ポインデクスター中尉が、爆撃機編隊に突入する寸前のBf109の群れを捕らえ、そのうちの2機を落としてエースとなった。この時は最初の1機がポインデクスターの眼前で爆発、2機目の左主翼が根元から折れて飛ぶという、なんとも派手な撃墜だったが、それと引き換えに同航空群のP-47が1機撃墜された。実戦経験を積むために第9航空軍の第366航空群（使用機はサンダーボルト）から第352飛行隊に「留学中」の若いパイロットが、貧乏くじを引いたのだ。

グレン・ダンカンはFw190を1機仕留めて通算撃墜戦果を10機とし、のちに5.5機を撃墜してエースとなった第351戦闘飛行隊所属のゴードン・コンプトン中尉も、ディースト・シャッフェン基地を離陸直後のJu88を撃ち落とした。こうして第353航空群はこの日敵4機を撃墜したが、かわりに味方6機を失った。

普段ならこの程度の損失は覚悟の上で、別に慌てたりしないのだが、エースを失ったとなると問題は深刻だった。単に乗員と機体を補充すればいいのとは、わけが違うのである。この種の悩みは本質的には米軍、ドイツ軍共通だったが、ドイツ軍の方がより深刻だった。それはドイツが欧州戦域に投入した多数のベテランパイロットが、異常ともいえる速さで失われていったからである。

こうして第353戦闘航空群が苦しみながら戦っている一方で、第56「ウルフパック」戦闘航空群は、日ごと好調に戦果をあげた。24日には悪天候のため分散して複数の目標に向かう重爆を護衛して、第63戦闘飛行隊のジョン・トゥルー

ダックスフォードの格納庫で、ついさっきまで自分が乗っていたP-47Dの被弾による破孔を点検する、第78航空群第82飛行隊のジェイムズ・ウィルキンソン中尉。一部隠れて見えないが、キルマークがもし全部で3個なら、彼の4機目の撃墜が1944年3月6日に記録されているから、2月下旬から3月上旬のあいだに撮影されたことになる。ウィルキンソンは5月12日までに6機を撃墜し、その間に第82戦闘飛行隊の隊長になったが、6月4日、サウスウェールズのランドベリーを飛行中、事故に遭って死亡した。

ラック中尉(P-47D-6 42-74750/UN-Lに搭乗)がゾイデル海上空でBf109Gを撃墜、通算戦果を5機とした。トゥルーラックは3月に入ってからさらに2機を追加して、最終戦果を撃墜7、不確実撃墜0、撃破3とするのである。

2月25日には、機種改変が終った第4戦闘航空群が初めてP-51マスタングだけで編隊を組んで前線に向かった。一方第56戦闘航空群のヘイルズワース基地では、ジョン・ヴォークト大尉が第63飛行隊の面々と別れを惜しんでいた。彼はP-47D-10 42-75109/UN-Wに乗ってエースの座を獲得し、その3日後の25日に、マートルズハム・ヒースに駐留する356戦闘航空群に転属になったのだった。そしてヴォークトは同航空群360飛行隊長となってその後さらに記録を伸ばし、8月4日の最後の撃墜を含めて3機を追加するのである。

ボックステッドに胴体着陸した、第56戦闘航空群第63戦闘飛行隊ジョー・イーガン大尉の専用機P-47D-10 42-75069。珍しいことに、個人マークや撃墜マークのたぐいがいっさいない。これはイーガンが2番目に受領した機体で、これで撃墜を記録したのは1944年1月30日の1機のみで、それから別の機体に乗り換えて3月15日にエースとなった。

例の「助っ人」ポーランド人パイロット、マイク・グワディッホ大尉は、燃料切れで乗機を失ったあと第56戦闘航空群で長いこと出撃できずにいたが、とうとうボブ・ジョンソンのP-47を借用することに成功して、2月26日それに乗って護衛任務に出発した。ところが第56航空群の仲間とともにルールに向けて飛行中、4機編隊の3番手にいた彼の姿が突然見えなくなった。リチャード・マッジ、ユージン・バーナム両中尉が急ぎ捜索すると、グワディッホは18000フィート[5500m]下でBf109を追跡中だった。ところが不思議なことに、簡単に撃墜できるはずなのに(現に両中尉は簡単にこれを片づけた)、グワディッホがそれをしなかったのだ。そのわけは基地に帰ってわかった。グワディッホの機銃発射スイッチがこわれていたのだった。しかし心底ドイツを憎んでいるグワディッホは追跡の手をゆるめず、燃料切れで相手が墜落するまで追いかけるつもりだったと述べた。基地から350マイル[560km]も離れたところでそんなことをしたら、自分の方が先に燃料がなくなるのにと言われると、いや追いかけているうちに敵を地面に激突させる何か名案が浮かぶと思っていました、と答えたという。

1944年3月
March 1944

3月6日、「ハブ」・ゼムキ大佐が4カ月ぶり(彼はこの間に休暇で一時帰国していた)の勝利を記録した。場所はミンデン、オスナブリュック、ドゥンマー湖を結ぶ三角形の区域で、最初に単独でFw190とBf109を撃墜、それからもう1機のメッサーシュミットを協同撃墜して0.25ポイントを得、最後にもう1機別のフォッケウルフを不確実撃墜するという、素晴らしい戦果だった。

ゼムキは、司令の特権としてコードレターの末尾(パイロットごとに文字を割り当てるが、通常、名前とは無関係)を「Z」[彼の苗字の頭文字]とした2機以上の「レイザーバック」[P-47が水滴風防の「バブルトップ」になる以前の型の愛称]を、1944年末まで一貫して使い続けた。しかし司令の乗機といえども、稼可動率が百パーセントということはあり得ないから、別の機体を借りたこともあったと思われる。

3月8日、第56戦闘航空群第62戦闘飛行隊のジョー・アイカード中尉(P-47

ボブ・ジョンソンの撃墜マークは1944年1月30日、14個に達した。あまりに撃墜のペースが速かったせいか、鉄十字マークの上の機種名[M.E.109、F.W.190などと記してある]が間に合わず、一部空白になっている。気がかりな方は次頁の写真をご覧いただきたい。

ボブ・ジョンソンの、おそらくもっともよく知られた写真。1944年4月13日、撃墜マークが25個に達した時点での撮影。欧州戦線で戦った米軍戦闘機パイロット全員が憧れた第一次大戦のエース、エディ・リッケンバッカーの大記録に、ひとつ足りないだけである。

D-10 42-75040/LM-Iに搭乗)が、ドゥンマー湖付近で行方不明になった。彼は2日前に同じ場所、同じ機体でFw190を撃墜し、エースになったばかりだった。そしてまるでそれをつぐなうかのように、アイカードと同じ作戦に参加したジョー・ベネット大尉(P-47D-11 42-75269/HV-Oに搭乗)が、シュタインフーダー湖近郊でBf109を2機、ムンストーフ飛行場上空でFw190を1機それぞれ撃墜して、一気にエースとなった。ベネットはこの戦果の1週間後に第56航空群を離れて第4戦闘航空群第336戦闘飛行隊に移動するが、336飛行隊がマスタングに機種転換したあとも、なお3機の撃墜を果たすのである。

2月下旬から3月上旬にかけて「ウルフパック」で最高の成績を収めたパイロットは、第63戦闘飛行隊のエース、ジェリー・ジョンソン少佐だった。彼はわずか2週間のうちに6機を撃墜した上に、15日にニーンブルクの近くで2機を落として、戦果を撃墜16.5、不確実撃墜1、撃破4.5とするのである。ジョンソンの使用機については、一時期第356戦闘航空群に出向いて戦闘訓練を指導してからP-47D-11に変ったこと、その機体には名前をつけなかったこと、27日に対空砲火で撃墜された時はP-47D-15 42-76249(これも名無し)に乗っていたことなどが知られている。

15日には大陸上空のあちこちで激戦が展開され、第56戦闘航空群のエース、第62戦闘飛行隊のフレッド・クリステンセン中尉も、ドゥンマー湖周辺で少なくとも6機のFw190を相手に、激しい空戦に巻き込まれた。複数の敵味方が入り乱れて戦う状況では、照準器にとらえた相手を片端から射撃するのが精一杯で、その結末まではなかなか見届けられないものだが、クリステンセン(P-47D-10 42-75207/LM-Cに搭乗)が撃墜に成功した時は別だった。射撃したFw190が大爆発を起こしたからだ。基地に帰ってのち彼の報告とガンカメラフィルムの映像が審査された結果、クリステンセンのこの日の戦果はFw190を2機撃墜、1機撃破と認められた。そして彼はさらに翌日、サン・ディジエ近郊でふたたび2機のFw190を墜ち落とし、ここまでの総合戦果を撃墜11.5、不確実撃墜0、撃破2とするのである。このあとクリステンセンは3月末に大尉に進級し、新しい乗機としてレイザーバックのほぼ最終のモデル、D-21 42-25512/LM-Qを受領する。

P-47D型は、大雑把にいうとレイザーバックとバブルトップ、ふたつのモデルに分かれるが、外観上は風防[とそれに続く胴体後部のかたち]が違うだけで、あとは差がない。しかし厳密にいうとD型の多数の派生型は、それぞれ構造的にかなり違っていて、経験を積んだパイロットにいわせれば、操縦感覚もそれぞれが微妙に違う。だから大部分のエースがそうであったように、異なる機体を乗り継いでよい成績を収めるには、当然こうした問題を克服しなければならなかった。ところが一方では、ほぼ一貫して同じ機体で戦った者もいて、フレッド・クリステンセンはまさにその幸運なパイロットのひとりだった。実際自分に割り当てられた機体がいつも具合が悪く、何でもいいから飛べる機体を見つけてそれで出撃したエースも多かったし、なかには自分の機体をまったく使えずにエースになったとしか思えない、気の毒なパイロットさえいた。だからクリステンセンのように、ただひとつの機体で全戦果を叩き出したエースは、例外中の例外といえた。

3月16日、第56戦闘航空群のもうひとりのエース、スタン・モリル中尉(P-47D-11 42-75388/LM-Hに搭乗)が、クリステンセンと同じサン・ディジエ近

1942年12月28日、オーストラリア北部に駐屯する第49戦闘航空群から、欧州戦線の第352戦闘航空群第487戦闘飛行隊に移ったジョージ・プレディの「Cripes A Mighty」(写真では文字が半分しか見えない)。この名前は、プレディがオーストラリアのスラングからとったといわれる。26.833機を撃墜してトップエースに仲間入りしたプレディは、P-47のD-2、D-5型、P-51のB、D型を乗り継ぎ、3機をP-47で(写真にも3個の撃墜マークが見える)、残りをP-51で撃墜した。3機撃墜に使ったP-47はすべて別々の機体だった。プレディは少佐に進級した後、1944年10月に第328戦闘飛行隊長に任命されるが、同年のクリスマスにベルギーのリエージュ付近で米軍の自走対空砲に誤って撃墜され、戦死する。(J Crow)

「ウルフパック」のトップエースたち。左から「ハブ」・ゼムキ、デイヴ・シリング、「ギャビー」・ガブレスキー、フレッド・クリステンセン。エースたる者みなの模範たるべし、ということか、正規の服装でいやにお行儀がいい。(via Bowman)

第56戦闘航空群に移る前、すでに戦果をものにしていたポーランド人パイロット、「マイク」・グワディッホ大尉は、転入後何カ月も個人専用機をもらえず、お預けをくっていた。その間彼がいろいろ乗り換えたうちの1機が、このジェラルミンの地肌がまぶしいP-47D-22 42-26044「Silver Lady」。彼はこの機体で、6月5日にエブルー近郊でBf109を、また8月12日にカンブレ近郊でJu88を、それぞれ撃墜した。どうやらこの「Silver Lady」はパイロットのあいだで広く人気があったと見え、何人かのエースがこれでスコアを計上したが、わけても「ギャビー」・ガブレスキーは1944年5月から6月にかけて、本機で5機も撃墜している。元来は第61戦闘飛行隊のエースで作戦担当士官のレス・スミス少佐が最初に受領した機体であり、彼自身もこれで3機を撃墜した。スミスは1944年5月、6機撃墜の記録を残して本国に引き揚げ、そのあと、グワディッホ、ガブレスキーらがこの機体を使ったらしい。(via R L Ward)

郊で低空を飛行中のFw190を追跡、一連の射撃で爆発させた。これがモリルの9番目の、そして最後の記録となった。2週間後の3月29日、大勢の兵員や地元住民に混じって、空中衝突で墜落した2機のB-24の乗員救出作業に加わったモリルは、胴体内の爆弾の破裂によって、殉職するのである。

エースの喪失はそれだけではなかった。ピーター・ポンペッティ中尉（P-47D-6 42-74641/WZ-Zに搭乗）が3月17日、パリ郊外で対空砲火に撃墜されて脱出、降下して捕虜となった。サンダーボルトの搭乗員たちは、ドイツ西側の占領地域からドイツ本国にかけて次第に密度を増す対空砲陣地を指して「ベルリン街道」などと呼んでいたが、冗談はさておき、ドイツ軍の対空砲はもともとおそるべき破壊力をもつ上に、連合軍の進撃にともない、祖国防衛のためさらに強化されつつあった。

22日には別の敵、悪天候が猛威を振るった。ボブ・ジョンソンのP-47D-5 42-8461/HV-P「Lucky」を操縦するデイル・ストリームを含む3人のサンダーボルト・パイロットが、激しい乱気流に出会って北海に墜落、行方不明となった。

3月28日、第78戦闘航空群第84戦闘飛行隊のクインス・ブラウンが10勝目をあげた。場所はゴッホ、機種はFw190だった。15日のクリステンセンと同じく、命中した12.7㎜機銃弾が胴体を引き裂き、数回にわたって爆発する派手な撃墜だった。これでブラウンは、8日間で5機を撃墜したことになった。

1943年春からここまでの1年間に、抜群の成績を収めたジェリー・ジョンソン少佐にとって、27日のミッションは、ごくありふれたもののように見えた。だがもし仮にジョンソンが、この日自分を待ち受けている運命をあらかじめ知らされていたら、怒り狂って最後の道連れにすべく、必死で獲物を探し求めたであろう。だが皮肉にもこの日は敵機の姿がどこにもなく、移動中のトラックの列を発見した「ホワイトフライト」編隊が、急降下を開始したその途端だった。ジョンソン機（P-47D-15 42-76249/UN-Z）とアーチー・ロビー機に対空砲火が命中したのだ。被害の大きかったジョンソンが胴体着陸して、それをロビー中尉が付近に強行着陸して救出しようとしたが、さきほど命中した敵弾で油圧系統が機能しなくなり、脚とフラップが出ない。これを見て今度はエヴェレット中尉が着陸を試みたが、翼端を木の枝に引っかけて断念、ふ

1944年春、戦闘を終え帰還したフランシス・ガブレスキーを祝福する機付整備員。彼の乗機には、常に最新の撃墜記録分のカギ十字マークが追加され、そこに機種名が書き添えられていた。乗機を変えた時もこのルールは常に守られた。（IWM EA 28124）

たりともあきらめてその場を離れた。結局ジェリー・ジョンソンは最終戦果撃墜16.5、不確実撃墜1、撃破4.5を残してその場で捕虜となり、帰途エヴェレットが英仏海峡に不時着水して消息を絶ち、ロビーだけが生還した。

27日に撃墜された56戦闘航空群のエースは、ジョンソン少佐だけではなかった。「バド」・マハリン大尉も、フランスのツール近郊で乗機から脱出して、ドイ

地上砲火

員失を記

217を協

9.75機)

合すると、

びせつつ

えたのだ

て初めて

面に着く

イツ軍の

生還した

て前回の

戻るのは

線に配属

て活躍す

闘航空群

になり、帰

し損なっ

ート率いる

から射撃を

タンクに被

チュアート

る隊員を

郵便はがき

おそれいりますが切手をお貼り下さい

101-0054

東京都千代田区神田錦町
1丁目7番地 ㈱大日本絵画

読者サービス係行

アンケートにご協力ください

フリガナ 年齢

お名前 (男・女)

〒

ご住所

TEL ( )
FAX ( )

ご職業 1学生 2会社員 3公務員 4自営業
5自由業 6主婦 7無職 8その他

愛読雑誌

オスプレイ・ミリタリー・シリーズ
世界の戦闘機エース12
第8航空軍の
P-47サンダーボルトエース

9784499227575

いつも笑顔が明るい第63戦闘飛行隊のウオーカー・「バド」・マハリン大尉。欧州戦線で大戦果をあげたが、1944年3月27日、Do217と刺し違えて乗機から脱出、ドイツ軍占領区域にパラシュート降下する。しかしパイロットは、「運」を味方にしておけば絶対生き延びられるとかねがね説いていた通り、捕虜にならずに6週間も逃げ延びて生還し、以後太平洋戦線で戦った。

タキシング中の事故は、どこの部隊でも多かった。これは左翼の下にちらっと見えるマスタングに「噛みついて」、歯(プロペラ)がボロボロになった第56戦闘航空群のP-47D-15(42-76303)。「ウルフパック」のマスタング嫌いは周知の事実だが、これはチトやり過ぎというべきか? このP-47は立派な撃墜マークがついているくせに、第56航空群第62飛行隊に17人いたエースのだれひとりとして使った記録がないという、不思議な機体である。

ひどく驚かせた。オーエンスは結局横転して裏返しになり、脱出する暇もなく墜落して戦死した。スチュアートは幸運にもヘイルズワース基地にたどりついたが、柱の一部の妙な木片が主翼に食い込んでいるのを見て、整備員はびっくり仰天だった。

2月と3月は大忙しだった「ウルフパック」も、4月に入ってからは暇を持て余し気味だった。そして9日になって、フーズム爆撃に向かうB-24の大型密集編隊に随行したボブ・ジョンソンが、3月15日の3機撃墜以来ひさびさの戦果をあげた。同じ第61戦闘飛行隊のサム・ハミルトン中尉とともに飛んでいたジョンソンは、Fw190の大群を発見、ジョンソンが上空で警戒態勢をとる敵機を狙うあいだに、ハミルトンが単独で攻撃を開始すると、案の定ドイツ機は編隊を解いて急降下に入った。

ジョンソンが2機のFw190と攻防戦を演じていると、バルト海に向けて敵を降下追跡中のハミルトンから、応援の要請が届いた。ジョンソンが、懸吊装置の結氷で投棄不能になった補助タンクを抱えたままFw190を振り切って降下して行くと、ハミルトンが敵の1機と格闘戦の真っ最中だった。どちらも一歩もあとに引かず、互いに有利なポジションをめぐって争っているうちに、ハミルトンがうまく敵を捉え、ジョンソンが現場に到着する寸前に、8挺の「フィフティ」[.50インチ口径機銃]の斉射でFw190の片翼を吹き飛ばした。ちょうどその時、もう1機いたFw190がハミルトンの背後に迫ったが、降下してきたジョンソンのP-47を見て攻撃を断念し、ジョンソンの射撃をかわそうと回避運動を繰り返しながら急降下に移った。これがなかなか見事で、どうやらかなりのベテランだなとジョンソンを感心させたが、追いついて射撃すると、脱出しかけたパイロットに命中したらしくそのまま機体もろとも墜落した。ジョンソンの23回目の勝利だった。

同じ4月9日に、長い間の空白を経てふたたび撃墜の機会に恵まれた「ウルフパック」のパイロットは、ジョンソンのほかにもいた。同戦闘航空群の副司令デイヴ・シリング(P-47D-11 42-75388に搭乗)である。彼はFw190を2機撃墜し、別のFw190とユンカースW-34各1機を撃破した。シリングは後者をJu234と申告したが、そういった機種は存在せず、結局彼のガンカメラの映像から、ドイツ空軍発足当時に生産されたごく旧式の単発連絡機と判明した。

4月15日には、第56戦闘航空群第61戦闘飛行隊のポール・コンガー大尉が、エルムホルン近郊でFw190を1機撃墜して戦果を4機としたが、一方で第62戦闘飛行隊長のルロイ・シュライバー少佐(P-47D-21 43-25577/LM-Tに搭乗)が、日増しに威力を増す対空砲火によって撃墜された。シュライバーは14機撃墜の記録の持ち主で、2月9日に飛行隊長に任命されたばかりだった。

やや見づらいが、風防の下に撃墜マークが12個並んだクインス・ブラウンの愛機「OKIE」(42-74573/WZ-J)。1944年3月の撮影。このマークこそは、P-47が1943年4月に就役してからの1年間、欧州戦線で第VIII戦闘機集団戦闘機部隊が爆撃機の護衛に奮闘したあかし以外のなにものでもない。(Bivens)

「バド」・マハリンのP-47D-5。主翼の上で機付整備長と話を交わしているマハリンが、飛行服をきちんと着込んでいるところを見ると、出撃前のシーンであろう。整備員といえば、第56航空群の整備員ほど苦労した連中も少なかった。初期のP-47C型とD型でさんざん経験したトラブル退治の苦労を、1945年に到着したM型でもう一度味わう破目になったからだ。それにパイロットは一定期間前線勤務を続ければ休暇に入れたが、整備員にはその制度がなく、戦争が終わらない限り仕事をやめるわけにいかなかったから、ずいぶんと苦しかったであろう。(B Robertson)

1944年5月
May 1944

1944年春、第8航空軍保有の戦闘機の機種改変が急速に進んで、5月9日には第359戦闘航空群がマスタングによる出撃態勢を整え、これまでP-47でエースの座を目指して戦ってきた同航空群のパイロットたちは、この日を境にP-51Bで戦果を競うこととなった。第359航空群のP-47による撃墜記録は、ロバート・ブース中尉の4機が最高だったが、彼はこのあとさらに4機を追加して、8機撃墜のエースとして終戦を迎えるのである。

こうして合計4個戦闘航空群がマスタングに転換したあとも、ボブ・ジョンソンをはじめとする「ウルフパック」の古強者たちは、あいも変わらずリパブリックの戦闘機に乗ってドイツ空軍と戦い続けた。そのジョンソンは、5月8日にベルリンとブルンスヴィックに向かった重爆編隊を援護しながら、彼にとって最後となった2機撃墜の快挙を成し遂げるのである。以下にジョンソンの報告を要約する。

「爆撃機編隊の上空に約30機のドイツ戦闘機が群がり、空はヘビのようにのたくった飛行機雲で一杯になりました。すでにボックス型の編隊を組んだ重爆のうちの1機が煙を吐き、もう1機が墜落寸前の状態でした。私が迫って行くと、Me109[Bf109]が1機こちらに向かって降下してきたので、旋回して射撃しましたが、はずれました。次にむこうが撃ってきましが、これもはずれました。私がさらに旋回すると、馬鹿なやつで、勝ち目がないのに回り込もうとして失敗、結局逃げるしかなくなって、ロールを繰り返しながらどんどん降りていきます。それを追いかけて、相手がロールするたびに弾丸を撃ち込んでやったら、翼がちぎれ飛んで一巻の終わりになりました。

「爆撃機の上には、まだ飛行機雲が見えていました。ということは、危険が去っていないということです。私は3000フィート[910m]の低空に降りていて、周りには千切れ雲が点々と浮かんでいます。さあどうしようと考えていると、私の編隊の3番機だったハロルド・ハートニー中尉が、フォッケウルフが2機降下中と無線で知らせてきました。そして雲の下でそいつらを捕まえると言うので、よし、こっちは先回りして待ち伏せするから、と伝えました。すると今度はハートニーが、敵がうしろについた、と金切り声で叫んでいます。

これもボブ・ジョンソン。5頁前の写真と同じ機体のように見えるがじつは別で、こちらは無塗装のP-47D-21 42-5512/LM-Q「Penrod & Sam」。ジョンソンが最後に乗った機体で、1944年5月8日にドイツ空軍戦闘機を一挙に2機撃墜、撃墜記録を27機とした時の乗機もこれだった。(IWM)

上の写真と同じ42-5512号機。ジョンソンが将軍たちに、「Penrod & Sam」の名前のいわれを説明している。これは「サム(ジョンソンのミドルネーム)の戦果はみんなペンロッド(整備主任)のおかげ」という意味で、ジョンソンが感謝の念をこめて命名したもの。聞き手は第65戦闘航空団司令官ジェス・オートン准将と、第8航空軍参謀長フランシス・グリスウッド准将。

「待機していると、来た来た。2機のFw190が先頭で、次にハートニーのサンダーボルト、そのまたうしろにドイツ機という具合に、一列につながって雲からぞろぞろ出てきました。私の位置がちょうど彼らの進行方向に当たっていたので、正面からフォッケウルフに向かっていく格好になり、.30（ドイツ軍の7.92㎜機銃のこと）だと思いますが、発射の閃光がチカチカ見えました。この射ち合いは私の勝ちになって、敵はエンジンをやられたらしく、煙を吐いて墜落していきました。ハートニーを含むあとの3機はバラバラに散ってしまい、戦いはそれで終りです」

ボブ・ジョンソン（P-47D-21 42-25512/LM-Qに搭乗）は、この日の最初の撃墜で第一次大戦でドイツ機26機を撃墜したアメリカ人エース、エディ・リッケンバッカーの記録と並び、2機目のFw190の撃墜でそれを追い越した（太平洋戦線で活躍した第二次大戦最高のアメリカ人エース、リチャード・ボングは、ジョンソンよりわずかに早い1944年4月26日に、リッケンバッカーの記録を破った）。だがこのことが、皮肉にもジョンソンの戦闘機パイロットとしての経歴に終止符を打つ結果を招いた。陸軍航空隊本部の緊急命令により、即日休暇に入ったジョンソンは、本国に戻って戦時債券募集キャンペーン、航空機産業従業員を対象とする講演会、各種のインタビューと、多忙の日々を送ることになるのである。そしてジョンソン本人も、あたかも水を得た魚のごとく、嬉々としてこの仕事に没頭したのだった。

またまたジョンソン。左が機付整備長のペンロッド伍長、右の12.7㎜の弾帯を肩にかけた火器担当整備員は氏名不詳。

カバーを外して右主翼のブローニング機銃を整備するペンロッド伍長と、それを見守るジョンソン。

chapter 5

Dデイの到来

build up to d-day and beyond

文章で表現するといかにも簡単そうだが、パイロットにとって実際に5機を撃墜してエースになるのは、たいへんなことだったに違いない。だから長期間実戦に参加しながらも、エースの資格を獲得できずに終わった者も第8航空軍にはいくらでもいた。ところがなかには、たった一日でこの戦果を達成したつわものもいて、第56戦闘航空群第61戦闘飛行隊の「ちび」の綽名で呼ばれるボブ・ランキン中尉がそのひとりだった。彼は5月12日、「ゼムキの扇（Zemke Fan）」に加わって、ドイツ上空を飛行中だった。ちなみに「ゼムキの扇」とは、3個の編隊が横に広がった姿を指すもので、前方180度の範囲の警戒と、攻撃された場合の防御を主眼に、ゼムキ以下の第56戦闘航空群メンバーが開発した戦闘隊形であり、その効果のほどをいよいよ実戦で試す段階にきていた。

やがて前方ほぼ20マイル[32km]先のやや低い位置に、およそ25機の敵編隊を発見したランキンは、「ホイペットホワイトフライト」編隊を率いて、スロットル全開で攻撃に向かった。ところがその途中で、19000フィート[5800m]の高度を爆撃機の方向に上昇中の、これも約25機のBf109に出会った。ランキンが上昇中の編隊を先に攻撃することにきめて、味方とともにそちらに突っ込んでいくと、敵はただちに補助タンクを切り離し、迎撃態勢をとった。ランキンがそのうちの1機の後尾について一撃を浴びせると、敵はスプリットS[機体を横転させながら垂直降下旋回に入り方向を180度変える機動。ドイツではアプシュヴンク、イギリスではハーフ・ロールとよぶ]から降下に移り、降下角度を急にしながらスピードを増していった。しばらく射撃を控えながら追尾して距離がつまった時、相手の主翼が振動するのが見えたので、ランキンは危険を感じて自分の機体を引き起こした。しかしメッサーシュミットのパイロットは、危険に気づかないのかそのまま降下を続け、ついに引き起こすことなく、ドイツ領マールブルク西北の小さな町に墜落した。

敵の最後を見届けたランキンが上昇していくと、東に向かって緩降下中のBf109が見えたので追跡、すぐに追いついて射撃すると胴体とエンジンカウルに命中して、パイロットがキャノピーを開けて飛び出すのが見えたが、パラシュートが開いた形跡はなかった。その時ヘッドホンに「こちらフェアバンクリーダー、応援を頼む」と叫ぶゼムキの声が聞こえ、ただちにゼムキの指示にしたがってコブレ

第353戦闘航空群350戦闘飛行隊に在籍したアービン・ブレドソーは1982年、自分の体験をまとめた著書『Thunderbolt』(サンダーボルト)を発表、おかげで彼が一時期使っていた写真のP-47D-25「Little Princess」は、かなり世に知られた存在となった。ブレドソーはこの機体でもっぱら地上攻撃を行い、5.5機を破壊して「地上撃破のエース」になった。

Dデイにそなえて出撃準備が整ったP-47D-15「Arkansas Traveller」。パイロットはデューイー・ニューハート大尉。地上攻撃のために爆弾を吊っている。この機体の塗装は妙なことに左右非対称で、右側は写真の通りだが、左側には「Mud N' Mules」の文字とラバのノーズアートが描いてある。ニューハートは第350戦闘飛行隊長だったが、Dデイから6日後の6月12日早朝、爆撃機と戦闘機が合同でドルー／エヴルー地区を襲った際、Bf109の大群と交戦して戦死した。この日は第353戦闘航空群だけで8機が撃墜され、6人のパイロットが死亡した。(USAF)

ンツ上空に向かった。そこではボスのゼムキが、たったひとりで30機におよぶBf109の大編隊を監視中で、ランキンが合流したのを見届けるとただちに攻撃に移った。

ゼムキを援護して、彼がBf109を1機撃墜するのを見届けてから上昇に移ると、周囲にはまだ多数のBf109が立ち去らずに残っていた。ランキンはそのうちの束になった2機を目掛けて単独で降下、左側の1機に短い掃射を加えると、油圧系統に命中したらしく、煙を吐くとともに脚がダラリと下がった。続いて右側の敵を射撃すると、これも脚が下がって、煙の尾を引きながら墜落していった。

すでに4機を撃墜したが、まだ戦場を立ち去る気のないランキンが、なおも敵を求めて高度15000フィート[4500m]を左へ旋回した時に、下方にちょっとだらしない編隊を組んで旋回中の3機のBf109が見えた。絶好の獲物とばかり、そちらに向きを変えた途端、なんと、まだ一発も撃っていないのに、全部のパイロットが揃って脱出したではないか。びっくりして周囲を見回したが、ほかにサンダーボルトがいる様子はない。これでは撃墜記録に加えることもできないとなかばあきれ、なかば憤慨しながら、ランキンは降りていく3個のパラシュートを見送った。

再度上昇して、まだ立ち去らずにいたBf109を捕捉して攻撃したが、今度は撃破しかできなった。速度が出ていたので相手を追い越して先へ出た時、Bf109が1機、編隊を離れてゼムキに向かって突進するのが見えた。すぐ鉾先を転じてそちらへ向かい、絶好の位置にいた敵機を射撃すると、逃げられてしまった。続いて2機のBf109に追われているランキンのウイングマン、クレ

9機撃墜のエース、アルウイン・ジュケイムの乗機。コードレターが見えないが、ダックスフォード駐屯の第78戦闘航空群第83戦闘飛行隊所属機P-47D-6 42-74690/HL-J(Jはアンダーラインつき)にまずまちがいない。ジュケイムはこの機体で5機を撃墜してから別の機体に移って4機を撃墜、その後敵地上空で空中衝突して機外へ脱出し、捕虜となった。この機体には撃墜マークその他の装飾がいっさいない。(USAF)

オン・ソムトン中尉の救援に向かおうとした時、さきほどゼムキの追尾をあきらめて離脱していったBf109のパイロットが脱出するのがチラリと見えた。やった！　遂に5機目を撃墜したのだ。

ランキンのウイングマンのソムトンはこの日が初出撃だったにもかかわらずよく奮戦して、ロッテ[Rotte＝ドイツ空軍の2機編隊]を組んでいたBf109の1機を仕留めた。残りの1機はランキンが追って、いざ射撃というところで弾が尽き、残念ながら6機目の撃墜は達成できなかった。

1944年2月から、第56戦闘航空群が所属のサンダーボルトの機首を赤く塗り始めた。そしてちょうどそのころから数が増え出した、塗装なしのいわゆるナチュラルメタルの「レイザーバック」と「バブルトップ」に、この赤がとてもよく似合った。第63戦闘飛行隊ポール・チンが受領したこのP-47D-28の写真には、その感じがよく出ている。このあと3月を過ぎるころになると、今度は非常に凝った芸術的ともいえるな迷彩塗装が登場する。

ランキンが大勝利を収めた場所からそう遠くないところで、ポール・コンガー大尉がFw190を2機撃墜して、第56戦闘航空群の「エースクラブ」に入会した。彼はこの日さらにマールブルク近郊で、3機目のフォッケウルフを撃破するのである。

ランキン、コンガーらが大活躍したこの5月12日に、第8航空軍のP-47部隊としては英本土への展開が最後になった第361戦闘航空群が、初めてマスタングで出撃した。その24時間後、A、Bふたつのグループに分かれた第56戦闘航空群のサンダーボルトが、トゥトウとポリツの爆撃に向かうB-24編隊の護衛に出撃した。Aが往きを、Bが帰りを担当するのである。Aグループはハイデ上空で合流に成功、たまたま襲ってきた40機のFw190を第62戦闘飛行隊のP-47が迎え撃って1機を撃墜したが、こちらも1機が高射砲弾の犠牲になった。

Bグループが帰還途上のB-24と合流したあと、ハーゲノウ西方で、一群のFw190が重爆編隊の最後尾を狙って襲ってきた。僚機とともにその防衛に当たった第61戦闘飛行隊のロバート・キーン中尉は、かたまりになっていたFw190に狙いを定めて一気に3機を撃墜、もう1機を不確実撃墜した。撃墜した3機のうち最初の2機はパイロットが脱出、しかし3機目は爆発を起こしてパイロットを乗せたまま墜落した。この「トリプル」はキーンの初戦果だったが、驚くべきことに、彼は1カ月後の6月5日、再度Bf109のみの「トリプル」撃墜を果たすのである。わずか2日の戦果で一挙にエースとなったキーンは、翌月大尉に進級するが、その後はこれまた不思議なことに、何の戦果もあげていない。

22日に「ウルフパック」は第356戦闘航空群と共同で、13日同様、往復とも爆撃機を護衛する「ダブルエスコート」に当たり、大規模な空戦を展開して戦果はあったものの、犠牲もまた大きかった。ところが同じ作戦に従事した第356航空群のほうは敵との接触がなく、戦果も損失もなかった。こういうのを「フォーチュンズ・オブ・ウオー」、すなわち戦争における運の分かれ目というのであろう。

この日第56戦闘航空群は、すでにテスト済みの「ゼムキの扇」編隊を

「バブルトップ」がどんどん増えたからといって、「レイザーバック」があっさり引き下がったわけではなかった。これは第56戦闘航空群第63戦闘飛行隊所属のP-47D-21「HUCKLE DE BUCK」。だれが使っていたかは不明。この機体に見られる、いわゆるインヴェイジョンストライプは、どの機体もすぐ消されてしまったようなので、この写真はDデイのすぐあと、たぶん1944年6月下旬か7月上旬に撮影されたと推定される。

1944年7月5日、エヴルー上空でBf109を撃墜して、欧州戦線ナンバーワンのエースとなった「ギャビー」・ガブレスキーを待ち受け、祝福する整備員たち。うしろのサンダーボルトは彼が最後に使ったP-47D-25 42-26418/HV-A。この機体は31個の撃墜マークで飾られたまま、1944年7月20日に失われることになる。31という撃墜数は、当時の第VIII戦闘機集団の戦果判定法に従い、地上で破壊した敵機に空中での撃墜と同じ点数を与えた合計。(IWM EA 28891)

組んでドゥンマー湖上空に進出、そこから分かれて第61戦闘飛行隊がブレーメンに、第62戦闘飛行隊がパーダーボルン=アインベックおよびブルンスヴィックに、第63戦闘飛行隊がハノーヴァーにそれぞれ進路を取った。

ガブレスキーは、この日の戦いを生涯忘れないであろう。それは彼の率いる「ホワイトフライト」12機編隊とFw190 15機との空戦で、彼ほどのつわものでも唯一度しか果たせなかった「トリプル」撃墜を経験したからだ。「ホワイトフライト」は、高度15000フィート[4500m]を飛行中に、ホーパーホーフェン飛行場を離陸して横一列に並んで上昇してくる15機のFw190を発見した。滑走路上には、2機ずつ次々と離陸する別の集団も見えた。ガブレスキーは上空で警戒に当たっていたサンダーボルト4機にも攻撃に加わるよう指示してから、「ホワイトフライト」とともに、3000フィート[910m]下の敵編隊の先頭8機に向かって一気に降下した。

ガブレスキーが最初の航過でそのうちの1機を銃撃、そのままの姿勢から次の1機にも銃弾を浴びせると、最初のフォッケウルフが火を吹き、一瞬命中を免れたように見えた2番目のフォッケウルフからは、パイロットが脱出した。早くも2機を撃墜したのだ。続いて「レッドフライト」と「ブルーフライト」両編隊が残るフォッケウルフに襲いかかった時、P-47が1機火を吹きながら墜落していく姿がチラッと目にはいった。

攻撃を終えて離脱した「ホワイトフライト」が、10000フィート[3050m]で態勢を立て直していると、今度は5000フィート[1500m]下に、別のFw190約25機の集団を発見、そちらに向かって急降下を開始した。すると、P-47が集団で移動する姿が目にはいったからであろう、飛行場周辺の対空砲が一斉に射撃を開始した。これにはドイツ戦闘機も驚いたらしく、すぐにフォッケウルフの1機が

英本土に絶えず送られてきた、戦時債券の購入により献納されたサンダーボルトのひとつ。この種の機体には、献納した都市の名をつけるのが普通たが、「バブルトップ」になってからその習慣は廃れたようだった。しかし第56戦闘航空群のエース、ハロルド・カムストックと「ハブ」・ゼムキが搭乗した写真のP-47D-25 42-26413/UN-Z「Oregons Britannia」は、古いしきたりに従って胴体に都市名が書き込まれていた。

緑色の信号弾を発射して、射撃をやめさせた。その間も第61戦闘飛行隊の攻撃は続き、ガブレスキーが3機目のFw190を撃墜、ジェイムズ・カーター大尉とポーランド義勇軍パイロットのヴィトルッド・ワノフスキも各1機を撃墜した。

第61戦闘飛行隊のエヴァン・「マック」・マクミン准尉は、奮戦の末2機を撃墜、合計が6機となってひとつ行き過ぎたが、めでたくエースとなった。数が少ない准尉パイロットのエースは、5名だけだがきわめて珍しく、またいろいろ異なるサンダーボルトを乗り継いで記録を重ねるあいだに多くの困難な出来事を経験した点で、マクミンは一種の苦労人だった。彼が最初に受領した乗機P-47D-5 42-8458がいい例で、最初対空砲火で損傷し、次にガブレスキーが乗って3機を順次撃墜するあいだに空中分解したBf110の破片で傷つき、最後に彼自身が1月1日の飛行場銃撃で20㎜対空機関砲の台座を引っかけ、最後廃機処分になったのだった。

5月28日、第78戦闘航空群第83戦闘飛行隊のマックス・ジュケイム大尉が、76回目の任務に飛び立った。ジュケイムは1943年11月30日に欧州戦線へ配属され、これまでに9機撃墜、2機不確実撃墜、2機撃破の成績を収めてエースとなり、この時点で部隊の作戦担当士官補佐を務めていた。

この日はドイツ奥地の石油精製設備と操車場の爆撃に向かう重爆編隊の援護に、4個航空群の208機のP-47と、7個航空群の307機のP-51が大挙して参加した。やがて現れた敵戦闘機に向かって米軍戦闘機隊がまさに戦闘態勢に移らんとした時、ジュケイム(P-47D-22 42-26016/HL-Aに搭乗)が第353戦闘航空群のP-51と空中衝突した。マスタングは爆発したが、サンダーボルトは片翼が取れ、スピンしながら落ち始めたものの爆発は免れ、ジュケイムには脱出する余裕があった。編隊僚機が、開いたパラシュートのまわりを旋回しながら12000フィート[3700m]の高度まで降りてジュケイムの無事を確認したが、Bf109が現れたため現場を去った。ジュケイムは着地後独軍に捕らえられ、捕虜となった。

同じ28日の作戦任務で、第353戦闘航空群のケネス・ギャラップ少佐がギュータースロー近郊の飛行場でBf109を撃墜して初戦果をあげた。この少し前までパナマ運河地区に駐

チェッカーノーズで有名な第78戦闘航空群の第84戦闘飛行隊長、ベン・メイヨー少佐の専用機、P-47D-25 42-26551/WZ-P。メイヨーは1944年9月9日、ギーセン近郊で一度に2機のFw190を撃墜して有名になった。彼を5機撃墜のエースと信じている人が多いがそれは誤りで、第8航空軍の「最終判定記録」ならびに米空軍の「戦果調査第85号」によれば4機撃墜が正しい。ただし、当時すでに撃墜が4機と判定されていたとしても、メイヨーは地上撃破2.5機の戦果もあげたから、第8航空軍のルールでは立派なエースだった。

当初もっぱら爆撃機の護衛にあたっていた第8航空軍のサンダーボルトが頻繁に地上攻撃を行なうようになると、銀のメタル地のままでは上からよく見えて不利ということで、ダックスフォードで大至急緑色の塗装が施された。しかし見えないようにカムフラージすること自体は結構だが、この第78戦闘航空群第82戦闘飛行隊のP-47D-25のように、エンジンカウルの派手なチェッカー塗装をそのまま残したのでは、何をしているのかわからない。シルバーよりこっちの方がよほど目立つからだ。(R L Ward)

屯するP-47装備の第36戦闘航空群第53戦闘飛行隊長だったギャラップは、第53戦闘飛行隊が1944年春にヨーロッパへ移動して第9航空軍の傘下に入ると同時に第353航空群に移動、4日目に参加したのが28日の作戦任務だった。このあとギャラップは戦闘中行方不明になったデューイー・ニューハート大尉の後任として、6月12日、第350戦闘飛行隊長に任命され、7月6日には早くもエースとなって中佐に進級、8月28日にファードゥン～コンフラン近郊でフィーゼラー・シュトルヒを1機撃墜、1機協同撃墜し、さらに同日、別の場所でHe111を協同撃墜して、最終戦果を撃墜9、不確実撃墜0、撃破1とするのである。

5月末に「ウルフパック」が初めてバブルトップのサンダーボルト、P-47D-25型を受領した。といっても、すべてのレイザーバックがいっぺんにバブルトップへと入れ替わったわけではなく、改変には時間がかかった。司令の「ハブ」・ゼムキ自身も第61戦闘航空群に最初に到着したバブルトップの1機を受領、5月30日に初出撃して、Fw190を2機撃墜、1機不確実撃墜、1機撃破の戦果をあげた。撃墜したのは2機ともギュータースロー～デトモルトの空域だったが、これを含め彼の30日の戦果は、すべてガンカメラのフィルムで公認された。これでゼムキの撃墜記録は12機となった。

1944年6月
June 1944

欧州の戦いに大きな転機が訪れた6月は、サンダーボルト部隊にとって幸先の悪い事故で幕が開けた。オーバーロード作戦［ノルマンディ上陸作戦。決行日＝Dデイは当初6月5日の予定だったが、天候不良のため24時間延期される］発動の2日前に、第78戦闘航空群第82戦闘飛行隊のエース、ジェイムズ・ウィルキンソン大尉が、サウスウェールズを飛行中に事故死したのだ。戦時中何百件にも達したこの種の不幸な事故は、あまりにも多くの飛行機が昼夜を問わず飛んだための、必然的な結末だった。来る日も来る日も、整備後の試験飛行や、ほとんど定期的に行なわれる作戦行動に加えて、飛行訓練、連絡、人員と物資の輸送に多数の航空機が飛びまわり、そこへさらに悪天候の要素が加わるのだ。もちろん平時でも事故は起きるが、戦争となればやはり危険が増大するのである。

そして6月6日、連合軍航空機の大群がノルマンディ海岸に殺到した。上陸地点付近の目標を攻撃した第9航空軍のP-47に対する敵戦闘機の反撃はほとんどなかったが、内陸部で地上目標を銃撃し、また爆撃機の援護に回った第8航空軍のサンダーボルトは、少なからぬ損害を出した。全部で5機が撃墜され、

ボッティスハムに展開した361戦闘航空群のパイロットは、P-47ではついに目覚しい戦果をあげられなかった。しかし彼らは、1944年5月にマスタングに転換してから息を吹き返すのである。ここに写っているのは、初期の同航空群を代表するパイロットのひとり、第374戦闘飛行隊長ロイ・ウエッブ大佐。場所はリトルウォルデン。ウエッブは地上の8機を破壊した。

そのなかに5機撃墜のエース、第61戦闘飛行隊のエヴァン・マクミン中尉(P-47D-22 42-25963に搭乗)も入っていた。彼の最期については、空戦で撃墜されたのか、それとも対空砲火の犠牲になったのか不明で、ただベルネイ近くで戦死したのが確認されただけだった。

結局このオーバーロード作戦開始の初日は、何百という連合軍戦闘機が海岸上空を飛んでほぼ完全に制空権を奪ったのに対して、ドイツ空軍は申し訳程度の、ごく小規模の攻撃を仕掛けただけで、事実上無力に終わった。

Dデイの翌日、第56戦闘航空群に移動してまだ日の浅いジョージ・ボストウイック中尉(P-47D-22 42-26042/LM-Gに搭乗)が、グランヴィエール飛行場上空で初勝利(Bf109)をあげた。彼はこのあとP-47D-25 42-26636/LM-Xに乗り換えて、7月4日にコンシュ近郊でBf109を3機撃墜、1機撃破することになる。

6月12日、カナダ空軍から移籍した第61飛行隊のスティーブ・ゲリック准尉が、晴れてエースになった。1944年1月に入隊してからこれまでに3機撃墜、4機撃破の実績を積み重ねてきたゲリックは、編隊哨戒飛行中にエヴルーの近くで多数のBf109と遭遇、そのうちの2機を撃墜、4機を撃破して、第56戦闘航空群の名だたるエースパイロットたちの仲間入りを果たした。ゲリックはこののち6月27日にBf109をもう1機撃破してから、7月末に撃墜5、不確実撃墜0、撃破9の最終記録を残して第56航空群を去るのである。

このゲリックのように、1回の出撃でひとりのパイロットが多数の敵機を撃破するのは、別に不自然なことではない。多数の敵味方が入り乱れる空中戦では、とにかく相手が照準器の視野に入ったらかまわず発砲するのが普通で、しかも命中したとわかっても、とどめを刺す余裕がないことが多い。まして地上に墜落するまで見届ける暇などない。この点は敵も味方も差がないはずだ。それに目まぐるしい速さで進展する空中戦闘に対処していくには、その都度1～2秒のうちに決断しないと間に合わない。特に獲物を選ぶ時の決断は、いくら速くても速すぎるということはない。そしてこういった決断の合間に、戦闘の継続を不可能にする要素(その最たるものが燃料残量)を絶えずチェックしなければならないのだ。というわけで、狙った相手が視界から消え去った時、実際はそのまま真っ直ぐ地面に激突したとしても、こちらのパイロットはそこまで見届けられず、単に「撃破」と報告するにとどまるのである。

1944年7月
July 1944

7月6日、ジョージ・ボストウイック(P-47D-22 42-25713/LM-Mに搭乗)が、フランスのボーモン地方でBf109を撃墜してエースとなった。ボストウイックが欧州戦線で戦闘を開始して以来、7カ月目にしてつかんだ栄光だった。

7月は第353戦闘航空群にとってとりわけ多忙な月となり、出撃が29回におよんだが、その間にP-47を4機失った。そして残念なことに、そのなかにエースの資格をもつ司令、グ

第62戦闘飛行隊のフレッド・クリステンセン大尉が、2番目に受領したサンダーボルト、P-47D-25 42-26628/LM-C「Rozzie Geth II」。これは彼のガールフレンドの名前だといわれている。ここに写っている撃墜マークも見事だが、「Miss Fire」と名づけたヌードのノーズアートはさらに見事だ(カラー塗装図39を参照)。クリステンセンの最終スコア21.5機のうち、この機体が関与したのは2機だけだった。コクピットに座っているのは、おそらく機付整備長のコナー伍長であろう。

ボブ・ジョンソンがポーズをとった写真は無数にあるが、これはおそらく基地に帰還したところを撮った、ただのスナップ写真だろう。中央がジョンソンで、左端に第56戦闘航空群のエース、ジョー・パワーズ中尉がいる。

レン・ダンカン中佐の名があった。彼は、Dデイ以後に5.5機を追加して撃墜総数を19.5機とし、第353航空群内でだれもかなわないとされていた、ウォルト・ベッカムの18機の記録を破っていた。ダンカンは7月7日、愛機P-47D-22 42-25971「Dove of Peace Ⅶ」に乗り、45機の編隊を率いてB-17爆撃隊の援護に出撃した。戦闘機の散開空域であるドゥンマー湖上空で重爆編隊と別れたダンカンは、敵の注意を重爆から少しでも逸らそうと、ヴェーゼンドルフ飛行場を銃撃してHe111を撃破したが、その際潤滑油系統に被弾した。たちまちエンジンがオーバーヒートし始め、墜落を覚悟したダンカンは味方占領区域を目指して西へ向かったが、命中からわずか14分で飛行不能となり、ニーンブルク西北に胴体着陸する破目となった。心配して成行きを見守っていた第353航空群のパイロットたちは、機外に出たダンカンが操縦席に焼夷手榴弾を投げ込み、燃え上がる機体を背に走り去るところまで見届けて安堵したが、指揮官を失った痛手は大きかった。

その後、第8航空軍の戦闘航空群統括司令官ウィリアム・ケプナー将軍から、第353戦闘航空群宛てにダンカンの喪失を惜しむメッセージが届いた。そして当のダンカンは、最後に無線で送った「3週間経ったらまた会おう」の言葉をそのままは実行できなかったが、捕虜にはならずに、1945年4月に英国に戻ってきた。ドイツからオランダへ逃げるのに成功して、そこで地下組織に匿われたが、そのまま足止めされてしまったのだった。

グレン・ダンカンにとって最悪の日となった7月7日に、第56戦闘航空群第62戦闘飛行隊のエース、フレッド・クリステンセン大尉は逆に滅多にない大きな戦果をあげて、第8航空軍で3人目の「一日5機撃墜」達成者となった。この日第62戦闘飛行隊のサンダーボルト編隊を先導して爆撃機の護衛を終えたクリステンセン(P-47D-21 42-25522/LM-Hに搭乗)は、ガルデレーゲン近くの飛行場上空で下方に何か動きがあるのに気づき、探索のため降下したところ、地上に散在するドイツ機およそ35機を発見した。いったん東へ戻ってから銃撃した方が有利とみて編隊とともに戻りかけた時、2機づつ組になってゆっくり飛行場に近づいてくる総数12機のJu52が目に入った。これを攻撃しない手はない。クリステンセンは、ただちに機銃掃射を中止してこちらを攻撃するよう、編隊に命令した。目の前に現れた、葱を背負った鴨同然の獲物を見て、クリステンセンは嬉しさのあまり増槽の投下を忘れてしまったが、これは結果的に幸いした。Ju52とサンダーボルトではスピードの差があり過ぎて、狙いをつけるのが極端に難しくなるところを、落下タンクがエアブレーキの代わりをして救ってくれたからだ。以下はクリステンセンの報告である。

「Ju52は大きく旋回しながら、左回りで滑走路に接近中でした。それで私も彼らと同じコースに乗るつもりで降下しつつ、最初にうしろから2番目のJu52を狙いました。主翼と左エンジンに銃弾が命中するのが見えましたが、すぐに追い越して、結果はわかりませんでした。あとでウイングマンに聞いたところでは、私が追い越した瞬間に火を吹いて爆発したそうです。

「次にそいつの前にいたJu52にうんと近づいて射撃すると、主翼と胴体に命中して、ものすごい炎を吹き出しました。3機目は左旋回中のところを15度の見越し角で射撃すると面白いように命中して、撃ち終った時は右の燃料タンクが燃えていました。飛行場外側の草地に着陸しそうに見えましたが、その前に火がどんどん燃え広がって、牧草のなかに落ちてしまいました。

ダックスフォード基地のサンダーボルトは、凝ったノーズアートが多いので有名だった。これは天馬の絵と「Geronimo」の文字がひときわ目立つ、第78戦闘航空群第84戦闘飛行隊ジョン・アーウイン少佐のP-47C-5 41-6367/WZ-B。(Bivens)

「次を攻撃しかけた時、突然エンジンが停まりました。燃料の切り換え忘れです。急いでスイッチを切り換えてタンクを落としているあいだに時間を費やして、攻撃は失敗しました。でも別のJu52が目の前にいたのでそいつを狙って撃つと、急降下して逃げるつもりだったかどうかはっきりしませんが、いきなり尾部が60度ほどの角度で跳ね上がってびっくりしました。でも高度が100フィート[30m]足らずですからいくら何でも無理で、そのまま墜落しました。

「5機目は真うしろから出来るだけ近寄って、胴体とエンジンに挟まれた内翼を狙いました。そこがJu52のタンクのある場所で、しかも自動防漏式になっていないのです。追い越した時はもう両側の主翼が燃えて、右に傾いていました。

「結局5機目は飛行場の柵のすぐ外に墜落しましたが、その先にもう1機残っていました。下から相変わらず激しく撃ってくるのを我慢しながら、この最後の1機の主翼を狙うと、今度もうまく命中してタンクが燃え出しました。それでもどうにか飛行場に着陸しましたが、そのまま燃えています。下から撃たれないよう、180度旋回しながら数えたら、たった今飛行場に降りたのを含め、9個所で煙が上がっていました。ほんとうは10機墜落したのですが、1機は街のなかに落ちたので、見えなかったのです」

この報告の通り、クリステンセンは全部で6機のJu52を撃墜したが(彼の記録はこれが最後で、通算戦果は撃墜21.5、不確実撃墜0、撃破2)、ほかにもビリー・イーデンス中尉(P-47D-15 42-76363/LM-F)が3機を(イーデンスはこれが5機目で、エースになった)、マイケル・ジャクソン大尉が1機をそれぞれ撃墜した。

7月17日、第63戦闘飛行隊の隊長にジョー・イーガン少佐が就任した。彼は1943年2月以来の同飛行隊のメンバーであり、しかも5機撃墜の実績をもつエースでもあった。ところが悲しむべきことにイーガンは就任からわずか2日後の19日に、日ごとに激しさを増す対空砲火の犠牲になってナンシー北東に墜落、戦死してしまうのである。

第VIII戦闘機集団は過去18カ月間に対空砲火により多数の戦闘機を失ったが、その原因のひとつが「ようし、もう一回いくぞ!」という掛け声にあった。というと奇妙に聞こえるだろうが、要するに機銃掃射の場合、最初の銃撃航過によって防御陣地が完全に「目覚める」ため、2回目以降は危険度が飛躍的に増大する。ところが経験の深い浅いに関係なく、あらゆるパイロットがこの「もう一回!」を宣言したがるのだ。

それともうひとつ奇妙なのは、戦闘機が何らかの原因で墜落した時、ドイツ軍パイロットは死亡する率が高かったのに、米軍パイロットは多数が生き残ったことだ。この事実は、戦闘機の空戦における強さとは直接関係がないらしい。では何が原因か、その解析は別の機会に譲ることにして、なぜ掛け声とか墜落の話を持ち出したかというと、よりによって、ナンバーワンのエースにそれが起きたのである。

ロス・オール中尉のP-47D-25が健在だったころの写真。ダックスフォードにて撮影。1944年7月、オールは本機の翼下に爆弾を抱いて高度16000フィート[4900m]を飛行中、30機を超すBf109に襲われた。乗機は火を吹いて墜落したが、彼自身は脱出に成功したのちに捕虜となった。

7月20日の夕方、ボックステッド基地に、30日間の休暇に出発する第61戦闘飛行隊長「ギャビー」・ガブレスキーを送るはずの車が空しく放置され、「ギャビー」の乗機、迷彩塗装に撃墜マークもあざやかなP-47D-25 42-26418/HV-Aは、バシンハイム飛行場から半マイル離れたトウモロコシ畑に空しく横たわっていた。この日ガブレスキーはドイツ中部に向かう第4爆撃航空群のB-17を護衛したあと、飛行場に散在するドイツ機を発見して機銃掃射を加えた。「イエローフライト」と「ブルーフライト」編隊は、1回の攻撃で満足して引き揚げたが、地上にまだ手付かずのBf110とHe111が残っているのを見て、ガブレスキーは「ホワイトフライト」編隊を従えて再度突入し、He111を炎上させた。そこでやめればどうということはなかったのに、例の「よし、もう一度！」症候群が始まって、最後の攻撃に入った時、対空砲火は当たらなかったがサンダーボルト自らが地面に当たってしまった。高度を下げ過ぎてプロペラが地面を叩き、ブレードを曲げてしまったのだ。

ガブレスキーのようなベテランが、何故こんな基本的なミスを犯したのか。それは彼が乗っていた「バブルトップ」は燃料の搭載量が旧型より増え、そのため降下率が増大していたのに、それを意識していなかったからに違いない。おそらく第61戦闘飛行隊に最初に配備されたバブルトップを受領してからすぐ出撃して、充分時間をかけてその操縦特性、特に低空における特性をテストする暇がなかったのであろう。のちに飛行隊であらためてテストを実施したら、すべてのパイロットが新旧モデルの降下率の差にいまさらながら驚いたというから、この推測は間違っていないと思う。

そういうわけで、ブレードの曲がったギャビーのサンダーボルトはどんどん速度が下がり、もう着地するしかなくなって、一面に広がるトウモロコシ畑に胴体着陸してしまった。いったんはつんのめって、あやうく逆立ちしそうになったが無事停止、脱出して5日間隠れていたが結局発見されて、28機撃墜のエースもついに捕虜となった。

この日第356戦闘航空群は、サンダーボルト2機を対空砲火で失った。また第56戦闘航空群のアーネスト中尉が、英仏海峡に墜落して死亡した。

1944年8月
August 1944

8月12日、「ハブ」・ゼムキがついに第56戦闘航空群を去り、代わりにデイヴ・シリング大佐が司令に就任した。自身きわめて有能なパイロットだったゼムキにとって、「ウルフパック」の指揮をとるのは、ほんとうに楽しいことだったに違いない。彼はこののちマスタングを保有する第479戦闘航空群を指揮することになる。さて、後任のシリングもまた有能なパイロットとして評判が高く、事実航空群司令に就任後まもない28日の0930時に、トリ南方のジーグフリート線上空でHe111を撃墜して、通算記録を撃墜14、撃破6とするのである。この時の乗機はバブルトップのP-47D-25 42-26417で、この機体で彼はその後さらに4機を撃墜することになる。

第78戦闘航空群第84戦闘飛行隊のクインス・ブラウンは1944年9月1日、このP-47D-27 42-26567で最後の撃墜を記録した。そして5日後、P-47D-28 44-19569/WZ-Zに乗り換えて、フォーゲルザント飛行場を攻撃した。以下は、同僚のリチャード・バロン中尉の報告である。
「ブラウンが無線で、最初に自分がその(フォーゲルザント飛行場のこと)上を飛んで様子を見るから少し待てと命令したので、われわれは一列に並んでやや遅れてついて行きました。曳光弾が彼に向かって飛んで行くのが見えたので、これは危ないと思い、私の番になった時はうんと高度を下げて突っ込みました。終わって上を見ると、ブラウンの機体に弾丸が命中したようなので、彼が急上昇するのを追いかけて横に並んだら、機体が急に振動してキャノピーが飛び、およそ1200フィート[370m]の高度で彼は脱出しました。パラシュートが開き、うまく畑に着地して、薮のなかに隠れるところまでは確認できました」
ダックスフォードに帰ってこの話を聞いた仲間たちは、ブラウンの無事を喜び、逃げ延びてくれることを祈った。しかし実際は捕まったのち、親衛隊将校の手で殺されてしまったのである。この将校は戦後逮捕され、軍事裁判にかけられた。(Bivens)

第8航空軍の戦闘機パイロットで水滴型透明風防を備えた後期のP-47D、いわゆる「バブルトップ」で撃墜を記録した者は、じつはほんの少ししかいない。それは、古参のパイロットの大部分がツアー満期で本国に帰ったあとバブルトップが到着したということもあるし、この型が到着する前に多くの部隊がマスタングへの転換を終えてしまったせいでもあった。要するにバブルトップの配備が遅かったのだ。しかしこうした情勢のなかでダックスフォード駐屯の第78戦闘航空群は、幸か不幸かP-51への改変が遅れて12月末にずれ込んだために、たとえば副司令でエースのジャック・オーバーハンスリー中佐などは、最後期バブルトップのP-47D-28 44-19566/MX-Xで出撃して撃墜を記録している。その昔、1942年5月に第78航空群に加わった大ベテランで、1943年8月から翌年5月まで第82戦闘飛行隊長を務めた経歴をもつオーバーハンスリーは、この8月28日にJu88を襲ってシャールロワ近郊に墜落させ、6機目にして最後の撃墜を記録したのだった。

正確にいうと、最後までサンダーボルトを使い続けた第56戦闘航空群は別にして、第8航空軍でバブルトップのP-47(型式でいうとD-25以降)で実戦を戦った戦闘航空群は第78、第353、第356の3個航空群だけで、残る5個航空群は、バブルトップのサンダーボルトが欧州戦線に姿を現す前にP-51への転換を終えている。

1944年9月
September 1944

9月6日、またもや第8航空軍戦闘機隊のエースが対空砲火の犠牲になった。第84戦闘飛行隊の作戦担当将校クインス・ブラウン少佐(P-47D-28 44-19569/WZ-Zに搭乗)が、フォーゲルザント飛行場を襲撃後、シュライデン西方に墜落したのだ。しかし12.333機撃墜の記録をもつエースで、地上攻撃の元祖でもあるブラウンは捕虜収容所に入ることはなかった。ドイツ軍に捕まってから、親衛隊将校の手で殺害されたのである。ドイツは捕虜の扱いについての統制がとれていて、地上に降りた敵パイロットは即刻ドイツ空軍に引き渡すよう指示が徹底していたから、即決で処刑されるとか、民衆に殺されるといった偶発事件はごく希だった。しかし戦争末期、連合軍地上部隊がドイツに迫るころになると、組織の崩壊が始まってブラウンのような事件の発生を許したのだった。

1944年秋のドイツの捕虜収容所は、あたかも米軍戦闘機パイロットの同窓会館と化したかのごとき様相を呈していたが、この時期にここを訪れることになったパイロットのひとりが、第56戦闘航空群第62戦闘飛行隊のビリー・イーデンス中尉だった。空戦で7機を撃墜し、地上で5機を撃破した実績の持ち主で、9月10日トリ近郊で、乗っていたP-47D-21 42-25522が高射砲で撃墜されたのだった。

イーデンスが撃墜されたその日に、第1回の前線勤務中に6機を撃墜したレス・スミス少佐が休暇を終えて「ウルフパック」に復帰、第62戦闘飛行隊長となって2回目の勤務をスタートした。彼は1945年1月26日までこの地位にとどまり、それから戦闘航空群副司令に昇格するのである。そのレス・スミスがようやく2度目の前線勤務に慣れたころ、かつてのスミスの飛行隊仲間でその名も高きポーランド人戦士、「マイク」・グワディッホの前線勤務期間の満期が近づきつつあった。彼は勤務期間最後の出撃でも、オランダのアルンヘムからゴリンヘンまで敵を求めて飛ぶ間にFw190を2機撃墜して、最終戦果を撃墜18、不確実撃墜2、撃破0.5まで伸ばした。撃墜した全18機の内訳は、8機が英空軍時代、10機が第56航空群在籍中の戦果だった。

chapter 6

アルンヘム、そしてドイツへ

arnhem and into germany

1944年9月18日、「マーケットガーデン」作戦支援に出動した第8航空軍戦闘機部隊に悲劇が訪れた。オランダ、アルンヘムのライン川にかかる橋を占拠する目的で、英軍およびカナダ軍が実施したこの作戦は、空挺部隊が集中的なパラシュート降下に失敗した上に、連合軍情報部がその存在を知りながら事実上無視した、強力でしかも事前に警戒態勢にあった敵防衛部隊に阻まれ、出だしからつまづいた格好になった。そこで急遽航空機による支援が必要となって、戦闘命令578号が発令され、第8航空軍の全戦闘航空群が対空砲火の制圧に出動した。この作戦は、まず相手に射撃させて、その位置を確認してからこちらが攻撃に移るという、きわめて危険な作業を伴う

「ウルフパック」のエドワード・オルブライト中尉の乗機、P-47D-28 44-19786。彼は1944年9月18日、アルンヘム攻撃作戦の一環として実施された、悪名高い「対空砲火制圧作戦」にこのサンダーボルトに乗って参加し、戦死した。この日出撃した第56戦闘航空群のP-47全39機のうち16機が撃墜され、12機が大破して、同航空群にとって最悪の記録となった。

ものだった。

第56戦闘航空群第63戦闘飛行隊長に就任してまだ日の浅い「バニー」・カムストック少佐は、緊急の指名で1437時、39機のP-47Dを率いてベルギーのトゥルンホウト目指してボックステッドを離陸した。垂れ込めた雲をかいくぐるようにして低空飛行で目標に接近したサンダーボルトの編隊は、予想通り激しい防御砲火を浴びた。出発前に受けた指示では、敵が自分に向けて撃ってくるまでは攻撃を控えることになっていたが、これはふたつの理由でうまくいかなかった。第一に、戦闘機が対空射撃を誘い出すために威嚇的な飛び方をすることが、現地の地上部隊に伝わっていなかった。そのためびっくりした味方の対空射撃によって「ウルフパック」のP-47が1機撃墜されてしまった。第二に、これが肝心なところだが、撃ってきて初めて撃ち返すという戦法は、根本的に間違っていた。対空射撃は正対する相手に向かって行なうとは限らず、慣れた射手なら通過する航空機を側面からいきなり正確に射撃できるのである。というわけで、ドイツ軍はこの誤った指示のおかげで効率のいい弾幕を張ることが可能になったのだ。カムストックの僚機もその犠牲になって墜落したが、幸運にも無事で、翌日部隊に戻ってきた。

撃墜マークを描いたサンダーボルトがエースのものとは限らない。またエースが必ずしも撃墜マークを描くとは限らない。写真のP-47D-22 42-26024/HV-Oがそのいい例。よく見ると撃墜マークが6個描いてあるので、第56戦闘航空群第61戦闘飛行隊の6機撃墜のエース、ジェイムズ・カーター大尉の乗機と早合点しそうだが、実際はカーターがこの機体を使ったという記録はどこにもないのである。

米戦闘機による18日の作戦は味方におそるべき損害をもたらした。「ウルフパック」だけで16機のP-47が失われ、12機が大破した。脱出して降下、あるいは飛行機ごと不時着したパイロットが8名いて、そのうち1名は不時着時に死亡、3名は重傷を負って本国に送還され、1名は捕虜になり、3名は行方不明になった。それでも全般的に見れば、たとえドイツに向かって進撃する地上軍の歩みがのろく、またアルンヘム作戦の失敗で航空機とパイロットを多数失っても、欧州の空の戦いは概ね連合軍に有利な方向に展開しつつあった。

9月21日、第8航空軍司令部はパイロットの前線勤務期間、すなわちツアー満期までの延べ飛行時間を、300時間から270時間に短縮した。統計分析によって、旧システムのままだと無事に満期を迎えるパイロットは100人にひとりしかいなくなることがわかったからだった。そしてそうなった原因の最たるものが対空砲火であると見なされた。この傾向は、地上軍のドイツ侵攻とともにさらに悪化の途をたどることになる。

ダックスフォードに並ぶ第82戦闘飛行隊のサンダーボルト。手前の撃墜マークつきのバブルトップを素通りして、2番目のレイザーバックP-47D-22 42-26387「Miss Behave」のコードレターに注目すると、個人を表す3番目の文字「W」にアンダーラインを引いてあるのがわかる。これはアンダーラインのあるなしによって、同じ文字を2通りに使い分ける手法で、つまりひとつの飛行隊にアルファベットの倍の数だけパイロットがいても、これでなんとか凌げるというわけだ。で、次にその向こうの機体を見てください。おや、いましたね。これがアンダーラインのない「W」のバブルトップでした。(J Crow)

1944年10月／11月
October/November 1944

1944年4月以来メットフィールドを基地にサンダーボルトで戦ってきた第353戦闘航空群が、サフォーク州レイドンに移動して機種改変を終え、10月2日に初めてマスタングで出撃した。P-47による奮戦で名をあげた同戦闘航空群は、欧州戦線で単座戦闘機による急降下爆撃を初めて実施して、大いに注目されていた。

ドイツが、ジェットとロケット両タイプの戦闘機の実用化に成功したという情報が、第8航空軍の爆撃部隊の司令たちを極度の不安に陥れた。最初のうちはその実力についていっさい不明だったが、やがて諜報機関が入手したMe163とMe262の性能に関する報告書が、各部隊に配布された。だが実際にその報告書通りかどうかわからなかったし、もしその通りだったらどうすればいいのか、それもわからなかった。

このロバート・ラホ中尉のP-47D-28 42-28615/WZ-X「My Baby」の見どころは、何といってもまずヌードアート、次が風防上部のバックミラーだろう。このミラーは純正部品ではないが、人気が出て引っ張りだこになり、結果として多数のサンダーボルトがこれを装備することになった。(Bivens)

11月1日、第56戦闘航空群第63戦闘飛行隊のウォルター・グロース中尉が、この件について新しい情報をもたらした。グロースらマスタングのパイロットが、爆撃機に襲い掛かろうとした1機のMe262を捕捉、ウィリアム・ガービー中尉の射撃が命中して、右側のユモ・ジェットエンジンが火を吹いた。ガービーは完全な見越し射撃をしたのに、敵の方が自分から射弾のなかに飛び込んできたかたちになったのだった。このMe262をさらにグロースが降下しながら追跡すると、敵パイロットが途中で機外に脱出して、機体は墜落した。グロースのガンカメラも、彼の射撃が敵ジェット機に命中する様子を鮮明にとらえていたので、この撃墜はグロースとガービーがそれぞれ0.5ポイントずつ分け合うことになった。第8航空軍当局がこの結論を出す過程で、このMe262の撃墜劇には、上記のふたり以外に、第20戦闘航空群の複数のP-51と、それとは別の、3個の航空群に所属する全部で6機ものP-51が絡んでいることが判明した。彼らもこのジェット機を撃墜しようと攻撃したが、命中するには至らなかったのだ。これほど多くの味方戦闘機が、敵のただ1機にかかわりを持ったのは初めてだった。ジェット機の出現によって、空戦が推移するスピードが圧倒的に高まり、互いに入り乱れて接触する機会が飛躍的に増えた証拠だった。

「ウルフパック」のパイロットたちは、11月1日に撮影されたフィルムを何度も繰り返し見て、敵ジェット機の弱点を研究し、以後の戦いにそなえた。これで敵機の性能がおぼろげながらわかってきたが、この先ドイツがどのくらいの数のジェット機を繰り出してくるかは、まだ謎だった。

11月20日、機種改変を終えた第356戦闘航空群が全機P-51で出撃した。一方、まだサンダーボルトで戦っていた第78戦闘航空群があらたな喪失に見舞われた。第82戦闘飛行隊「Aフライト」の隊長ジョー・ホッカリー大尉(P-47D-28 44-19950/MX-Lに搭乗)が11月26日、ライン川の上空でBf109を2機撃墜、

「ウルフパック」のこのP-47D-28は、隠れていて全部読めないが、Flak[対空砲]がどうとかいう、変った名前の持ち主のようである。最後に第8航空軍唯一のサンダーボルト保有部隊となった第56戦闘航空群は、高性能だが問題を抱えた新型のP-47Mにてこずって、手持ちの古いバブルトップとレイザーバックを総動員してしのいだ時期があった。この写真はたぶんその時期に撮影されたものであろう。

Fw190を1機撃破したあと、多数の敵機とわたりあって撃墜されたのだ。空戦で撃墜されたサンダーボルトエースはごく少数しかいないが、7機撃墜の実績をもつホッカリーは残念ながらそのなかのひとりとなり、捕虜として終戦を迎えることになってしまった。

第61戦闘飛行隊のドノバン・スミス少佐の愛機「Ole Cock」。スミスはどこかで聞いたロンドン訛りをもとに、この名前をつけたといわれている。写真のP-47D-26 42-28382/HV-Sは、彼がこの名をつけた2番目の機体であり、撮影場所はボックステッド基地。主翼の下に片側3本のロケット発射筒を吊るし、左翼端前縁から突き出たピトー管には、頭をぶつけないように細長い吹き流しをつけてある。

1944年12月
December 1944

1944年暮から1945年の年明けにかけて、冬の悪天候で航空機が活動できない時期を狙って、ドイツ軍が西に向かって反撃に出た。のちに「バルジの戦い」と呼ばれるようになったこの戦闘では、地上に釘付けにされた連合軍の戦術航空機は、ドイツ軍地上部隊の一方的な進撃を阻止する上で、ほとんど何の役にも立たなかった。

その一方で、連合軍航空機の戦略的な活動は比較的活発だった。12月19日、ダックスフォードでP-51Bマスタングへ転換中の第78戦闘航空群が、手持ちのサンダーボルトを総動員して、トリ爆撃に向かう重爆編隊の護衛にあたった。敵戦闘機との遭遇がなかったので、帰途バーベンホイゼン飛行場を銃撃しようとしたが、高度300フィート[90m]から10000フィート[3050m]までを分厚い雲に占められて果たせず、ジーゲン～ギーセン間で列車を銃撃しただけで引き揚げた。

西進中のフォン・ルントシュテット軍を援護すべく、珍しくもドイツ空軍の戦闘機が出撃してきた。もうこのころには、正面きって「出撃」と呼べるようなドイツ側のまとまった動きは少なくなっていたが、これはFw190とBf109合わせて20機という結構な勢力だった。第78戦闘航空群の戦闘機が遅れ馳せながら迎撃に当たり、あきらかに戦意に乏しく隙あらばパイロットいうところの「スープ」[厚い雲のこと]に逃げ込もうとする敵戦闘機をとらえて、7機を撃墜した。

こうしてまるで敵機よりも天候を相手に戦争するような状況が続いて、作戦も何度も中止になり、おかげでその合間に第78戦闘航空群のパイロットたちは、P-51への転換訓練に精を出しながら静かなクリスマスを迎えることができた。そしてそのころには、第78戦闘航空群内でP-47を保有するのは、第84戦闘飛行隊だけになった。

バルジの戦いの主戦場となったアルデンヌの上空の天候は、まだ完全に回復していなかった。それでも12月26日には米軍中型爆撃機とともに、第56戦闘航空群の48機のP-47が出動して、マルメディーからケルン、ボンのあいだで索敵飛行を行なった。P-47編隊の先頭に立ったのは、第61戦闘飛行隊勤務中にエースとなり、その後第62飛行隊長として2回目の前線勤務を開始したレスリー・スミス少佐(P-47D-28 44-19925/LM-L)だった。やがてFw190が下を飛び、その上方をトップカバーのBf109が警戒態勢をとって飛ぶ総勢20機の独軍戦闘機が現れ、スミスは自分の隊の「デイリーホワイトフライト」編隊だけを引き連れて、フォッケウルフの4機編隊目指して降下を開始した。スミスはすぐにフォッケウルフ1機を撃墜、彼の僚機、アルフレッド・ペリー中尉は2機を撃墜した。その間上方にいるBf109は応援に駆けつけるそぶりを全く見せなかった。

おそらく第61戦闘飛行隊と第63戦闘飛行隊が上空をカバーしていたので、身動きがとれなかったのであろう。戦いを終えた第56戦闘航空群のサンダーボルトが帰途についた時、ボックステッド基地が霧に包まれたという報せが入った。編隊の一部はイギリスの別の基地まで飛んでそこに降りたが、ほかは引き返して大陸の最寄りの飛行場に着陸した。これで基地に帰ってみんなに祝いの言葉をかけてもらう楽しみが、すっ飛んでしまった。

ボックステッドで撮影したジョン・キーラー中佐のP-47M-1。M型は、B型から始って延々と続くP-47の派生型のうち最後から2番目に当たる。出現当時最強だったがエンジントラブルに足をとられ、この機体も1945年初めにほんの少し飛んだだけで、あとは長期にわたって基地に留め置かれたものと思われる。ドイツ降伏の直前にようやく問題が解決して、ドイツ上空を盛んに飛ぶようになったが、いささか手遅れだった。

12月29日、ようやくP-51Bによる出撃が可能になった第78航空群が、マスタングから成る「A」群、「B」群と、第84戦闘飛行隊の32機のサンダーボルトから成る「C」群をそれぞれ発進させた。マスタングは爆撃機の護衛に向かい、サンダーボルトは第9航空軍の戦闘機と合流してコブレンツからルクセンブルクまで敵を求めて飛んだが、無駄に終わった。翌日も同じ行動をとったが、地上のレーダー操作員の指示にしたがって敵がいるとおぼしき方角へ進んだら、出会ったのは友軍機だった。

第78戦闘航空群は1944年度最後の任務として、爆撃機の自由援護に14機のP-47を派遣したが、敵戦闘機の活動が低調だったので、MEW（マイクロ波早期警戒システム）の誘導で飛ぶ実験を試みたりした。それでも最後に列車を銃撃した上に、パット・マクスウェルがFw190を撃墜するおまけまでついた。この撃墜が、同航空群の第二次大戦中に果たした400番目に該当するということで、基地に帰ったマクスウェルに、記念として銀のジョッキが贈られた。

ここで1944年の終わりを記念して、戦闘とは直接関係ないがちょっと変わった数字を紹介しておく。ダックスフォード基地に駐留して、第78戦闘航空群の航空機の整備を一手に担った第79航空支援群が、規模の大小を問わず、戦争の全期間を通じて分解整備を手掛けたP-47は、総計227機に達したという。

1944年暮れ、第78戦闘航空群がマスタングに転換してしまうと、第VIII戦闘機集団でサンダーボルトを保有するのは第56戦闘航空群だけになった。それを契機に同航空群の各飛行隊は、きわめて個性的な迷彩塗装を採用するようになり、それは主として最新のP-47Mに適用された。写真は61戦闘飛行隊のM型で、濃い目のブルーブラックの地に赤いコードレターという凝った配色になっている（カラー図版36を参照）。（via R L Ward）

1945年1月
January 1945

ドイツ空軍の戦闘機が1月1日、連合軍が占拠したベルギーとオランダの飛行場を襲ったが、これが事実上西部戦線における、ドイツ機の最後の大きな動きとなった［この日早朝ドイツ空軍は彼我の勢力均衡を逆転させるべく、「ボーデンプラッテ作戦」を発動、第II戦闘機軍団の昼間戦闘機を総動員して、大陸に点在する連合軍航空基地を攻撃した。しかし約500機に損害を与えたものの、連合軍側が豊富な物量で直ちに損失を埋めたのに対して、ドイツ本土防空部隊はベテランパイロットと機材の多くを失ったまま回復不能なまでに弱体化し、

結果はドイツ側の敗北に終った]。

同じ1月1日に、残りわずかとなった第78航空群のサンダーボルトが、最後の任務に向けて、ダックスフォードを飛び立った。この時点で同航空群のP-47は、大多数が退役もしくは第9航空軍やフランス空軍に供与の目的でデポに送り返され、残るは第84戦闘飛行隊の4機だけとなっていた。彼らが引き受けたのは、アフロディーテ計画の一端を担うという、大ベテランの第78戦闘航空群といえどもいまだかつて経験したことのない、風変わりな任務だった[アフロディーテ計画＝頑丈なコンクリートで覆われた潜水艦修理ドックに、装備を取り去って大量の爆薬を積んだ無人のB-17を無線操縦で命中させ、破壊する大胆な計画。何回か試行ののちに、味方に危険を与えるおそれがあるとの理由で中止された]。ウィルバー・グライムス大尉率いる4機のP-47は、22000ポンド(10トン)のトーペックス高性能爆薬を満載して「空飛ぶ爆弾」と化した最後のB-17が、あと一歩で最終目標のオルデンブルグに到達するところまで護衛して、悠然と飛行を続けるその姿をあとに、離脱して帰途についた。

ジョージ・ボストウイック少佐のP-47M-1 44-21112。第63戦闘飛行隊のM型はどれもラダーがブルーで、全体の非常に特徴ある迷彩塗装だけが、各機ごとに少しづつ違っていた。同飛行隊の隊長だったボストウイックは、この機体でMe262を撃墜した。「ウルフパック」のエースでMe262に対して勝利を収めたのは、彼だけである(カラー図版32参照)。

これを最後にダックスフォード名物の「チェッカーノーズ」サンダーボルトが姿を消して、第Ⅷ戦闘機集団でリパブリックの戦闘機を運用するのは、第56戦闘航空群のみとなった。このころ第56航空群のボックステッド基地に、マスタングのお化けが出るという噂が広がった。いつもサンダーボルトのエンジンカウルの陰にかくれていて、人が通るとおいでおいでをするというのだ。実際、そんな噂がひろがるくらい第56航空群は何回にもわたる誘いを蹴って、強情にサンダーボルトを使い続けたのだった(整備員が液冷エンジンの整備を極端に嫌ったからともいわれる)。1月3日に初めてボックステッドに到着したP-47M型が、あきらかに信頼性不足の問題を引き摺っているとわかった時でさえも、頑としてマスタングへの改変を拒んだのである。

このM型は、サンダーボルトの全型式のなかでもっとも速く、しかも「ウルフパック」が必要とするだけの行動半径は、きちんとそなえていた。元々P-47が、胴体内タンクだけでイギリスから半径250マイル(400㎞)のところまで飛べたのが、今や530マイル(850㎞)離れた地点まで飛べるのである。これは、万一の場合連合軍が占領した大陸の飛行場に降りることを覚悟して、ギリギリまで燃料を使えば、ドイツ国内のどこへでも飛んで行けることを意味した。しかしその一方で、アメリカから船積みする際の防錆処理を廃止したのがたたって、エンジンの信頼性が低下するという厄介な問題を起こした。そしてこの因果関係がなかなかわからなくて、何週間もの無駄な時間を費やしてしまった。

このころの第56戦闘航空群の編隊は、P-47D型の「レイザーバック」と「バブルトップ」の混合編成と相場がきまっていたが、6機撃墜のエース、ジム・カーター少佐が第61戦闘飛行隊の隊長に任命されたのは、ちょうどその時期だった。彼は終戦までその地位にとどまるが、撃墜記録を伸ばすことはできなかった。

第8航空軍のサンダーボルトエースが撃墜される頻度は、戦争が終結するまで下がることがなかった。ただしドイツ戦闘機に撃墜される者はごく希で、捕虜収容所に入れられたエースのほとんどは対空砲火の犠牲者だった。少数ながら飛行中の事故で死亡したエースもいて、第353航空群第352飛行隊所属の7機撃墜のエース、ジェイムズ・ポインデクスター大尉は、1945年1月3日、P-51を操縦して飛行中にレイドンから5マイル[8km]の地点で事故に遭い、死亡している。

ボストウィックのP-47Mのクローズアップ。写真では下地のメタルを露出させてコードレターとしているが、これを撮影したあと、レターを薄い赤に変えた。また空中、地上あわせて13個のキルマークを、どきっとするような「芸術的な」枠どりで囲むなど、至るところに凝った演出が見られる。1945年になってから「ウルフパック」が採用したこの種の塗装は、米陸軍航空隊のなかでもっとも派手なものとなった。

第56戦闘航空群のP-47Mが初めて実戦に参加した1月14日に、同航空軍第62戦闘飛行隊の、マイク・ジャクソン少佐（P-47D-28 44-19780/LM-Jに搭乗）が、ライン川上空でFw190の編隊を伴った一群のBf109に遭遇して各1機を撃墜、記録を8機に伸ばした（この記録には1944年7月の項で述べたJu52も含まれる）。

1月20日、ポール・コンガー少佐が第56戦闘航空群の第63戦闘飛行隊長に就任した。折悪しく第56航空群が、P-47Mを実戦で安心して使える戦闘機に仕立てるべく修理とテストの最中で、コンガーは1月の前半にP-47M-1 44-21134/UN-P「Bernyce」でBf109を1機撃墜、1機撃破したあと、M型を受領した他のパイロットと同じく、旧型のP-47D-30 44-2045/UN-Yに戻った。この時は全部のM型が飛行停止になったが、それほどエンジンの問題は深刻だった。

1月26日に第62戦闘飛行隊長に任命されたフェリックス・「ウィリー」・ウィリアムソン大尉も、せっかくP-47Mを受領したのに、乗るのを我慢させられたひとりだった。当然ながらM型で戦果をあげそこなったウィリアムソンは、代わりに借りたP-47D-28 44-19925/LM-Lに搭乗して、1月14日にブルク北方でBf109を4機とFw190Dを1機撃墜、「一日5機撃墜」の栄誉に輝いた。ウィリアムソンは次いでP-47D-30 44-20555/LM-I に移り、2月3日ベルリン上空でBf109とFw190を各1機撃墜、もう1機のFw190を撃破して、わずか20日足らずで1945年度のトップエースのひとりとなるのである。彼はこのあと第62戦闘飛行隊の指揮をとりながら、撃墜13、不確実撃墜0、撃破1を以って終戦を迎えている。

1945年2月／3月
February/March 1945

ウィリアムソン大尉が戦果をあげた2月3日に、彼が隊長を務める第56戦闘航空群第62戦闘飛行隊の、1944年6月以来の隊員であるキャメロン・ハート大尉（P-47D-28 44-19937/UN-Bに搭乗）も、撃墜を記録した。今や最後の激戦地になろうとしているベルリンの南方を警戒飛行中に、フリーデルスドルフ飛行場上空でドイツ空軍戦闘機を発見、2機を撃墜して戦果を6機としたのである。ハートはこの記録を最後に終戦を迎え、1年後の1946年1月16日、アラバマ州のクレイグフィールドで墜落し、死亡する。

2月26日にはボックステッドの67機のP-47Mが、エンジンの点検とテストのためにふたたび全機飛行停止になった。自分の機体がなくなった第63飛行隊長ポール・コンガーは、やむなくP-47D-30 44-20455/UN-Yに乗り換え、以後終戦まで本機を使い続けることになる。コンガーは1月の勝利に続いて2月3日、ベルリン東方で一方的な戦いを展開してBf109を1機撃墜、1機撃破して、戦果を撃墜11.5、不確実撃墜0、撃破4に伸ばしたあと、3月19日に168回目の出撃を終えてから第63戦闘飛行隊を去った。コンガーの後任には、第62戦闘飛行隊のエース、ジョージ・ボストウィック大尉が任命された。

1945年になってからというもの、米軍爆撃機を襲うMe262の数は増える一方で、その迎撃にはもっぱらP-51が活躍したが、P-47にも、ちょっぴりではあるが、この高性能の敵機の撃滅に力を貸すチャンスがめぐってきた。途中の妨害をうまくかわして充分な高度まで上昇したMe262を、爆撃機に近づけないよう追い払う仕事がマスタングの独占になったのは当然のなりゆきといえた。しかし連合軍側がひとまとめにして「ターボ」と呼んだドイツのジェット機は、Me262以外にもいくつかあり、なかでもアラドAr234は欧州戦線のいたる所に出没して、連合軍の半ダースにものぼる違う種類の飛行機が、迎撃の機会を得たのだった。

3月14日には、11月1日の最初の出会いに続いて第Ⅷ戦闘機集団のP-47が、Me262と二度目のきわどい接触を経験した。ドイツの通常型戦闘機の活動は戦争が最終段階に近づいたこの時期になっても、不規則ながら依然として続いていた。しかし、大量の敵味方戦闘機が入り乱れて戦う場面は、もはや過去のものとなっていた。そして3月に入ってから、半年前にあれほど心配したジェット戦闘機も数がこれ以上増えることはなく、したがって大きな脅威にはならないことがはっきりした。

第8航空軍のP-47Mのエンジントラブルは依然として解決の兆しがなく、3月16日にまたまた飛行停止命令を出さざるを得なくなって、航空軍司令部の怒りが爆発した。もうたくさん、いい加減にしろ、というわけだ。それが通じたのか、今度は電光石火のスピードでエンジン不調の真の原因が判明した。しかし全部のエンジンが直るまでになお9日を要し、結局第56戦闘航空群のP-47Mが出撃したのは、3月24日のことだった。無駄に過ごした時間を取り戻さんとばかり、この日は一日のうちに2回も出撃したが、どちらもこれといった戦果はなかった。

翌25日、事態がやや好転した。合流点で30分待たされた第56戦闘航空群のサンダーボルトは、ようやく現れたB-24編隊に合流して所定の位置についた。ところが突然18000フィート(5500m)の高度から6ないし7機のMe262が急降下してきて、阻止するひまもなく、編隊のいちばん高いところを飛んでいた爆撃機2機が撃墜されてしまった。第63戦闘飛行隊長ジョージ・ボストウィック少佐(P-47M-1 44-21112/UN-Z)はすぐさま編隊を引き連れて、一見無駄とも思える追跡に移った。すでにジェット機の姿はどこにもなかったが、ボストウィックが大体の見当でパーキン飛行場の周辺を旋回していると、しばらくして思った通りMe262が現れ、攻撃命令を受けたエドウイン・クロスウェイト中尉が撃墜に成功した。

そのかたわらでボストウィックが、飛行場に置かれたジェット機の数を20機から30機と見積もっている間に、あらたに4機のMe262が着陸態勢をとって近づいてきた。先頭の1機に狙いを定めて攻撃しようとした瞬間、今度は滑走路を離れて上昇に移らんとする別の1機が目にはいり、ボストウィックは急遽方向転換してそちらに襲いかかった。サンダーボルトに狙われたと知ったMe262は、急旋回して逃れようとしたが、離陸直後でまだスピードがついていなかったために翼端を地面に引っかけ、もんどりうって墜落した。それを見届けてからすぐさきほどの着陸中の獲物に戻って射撃したが、少し命中しただけで、撃破に終った。これでボストウィックの撃墜記録は6機に達したが、最後の6機目は、第56戦闘航空群のエースがP-47でジェットを仕留めた唯一のケースとなった。

もちろんクロスウェイトもMe262撃墜を公認されて、ジェットキラーの栄誉に輝いたのだった。

chapter 7

最後の小競り合い

final clashes

4月5日、ボストウィック少佐は爆撃機護衛のため再度ドイツに向け出発した。護衛する相手は第2航空師団のB-24編隊で、戦闘機は爆撃機から離れないよう、きつく命令されていた。だがレーゲンスブルク北方でリベレーターがMe262に襲われると、P-47のパイロットはたとえ爆撃機から遠ざかろうとも反撃せざるを得なくなり、第63戦闘飛行隊の作戦担当士官ジョン・ファーヒンガー大尉が1機を撃墜した。彼にとって4機目の、そして最後の戦果だった。

2日後の4月7日、ブレーメンの南方で始ってハンブルクまで延々と続いた空

戦後開催された祝賀の展示会で、胴体に「ゼムキの狼部隊」と大きく書いて、他の連合軍航空機とともにエッフェル塔横に並べられたP-47M-1 44-21175。しかし、ゼムキがサンダーボルトのM型を実戦に使ったことは、一度もなかった。(Crow)

パリに展示された左頁のP-47Mのクローズアップ。展示が終ったあと、この機体はひっそりとスクラップにされた。

戦で、ボストウィックが最後の勝利を収めた。おなじみのP-47M-1 44-21112に乗ったボストウィックは、「B」群の先頭に立って、1200機におよぶB-17とB-24の連合編隊を護衛する「ラムロッド」に合流した。この日は、ドイツ空軍が珍しくも動員した多数の戦闘機と大規模な空戦を展開した結果、米軍側は戦闘機による撃墜64機、重爆の機銃による撃墜(射手の申告のみにもとづく)40機の大戦果をあげた。ボストウィック自身もBf109を2機撃墜し、さらにハンブルク北方で発見したMe262を1機撃破した。これで彼の最終記録は撃墜8、不確実撃墜0、撃破2(ほかに地上撃破6機)となった。前節で述べた3月25日のMe262を除き、撃墜はすべてBf109だった。

4月10日、今度は1300機の4発重爆が晴天のなかをドイツ爆撃に向かい、「ウルフパック」は総動員でその護衛にあたった。この作戦に参加した同戦闘航空群のP-47は全部で62機を数え、その大部分が、エンジントラブルがおさまって息を吹き返したM型だった。この日は結局地上の目標をほしいままに機銃掃射して、各種各様のドイツ機を破壊する結果となり、まるで運動会のような楽しい一日となった。なかでもデニス・キャロル中尉は、Ju88とBf109を組み合わせたミステル[親子機。機首に多量の爆薬を搭載した大型機を、背中に乗った小型の母機の操縦士が目標近くまで運び、そこで切り離して無線操縦で目標に命中させる。ミステル=Mistelはヤドリギの意味]の破壊に成功して、正式に「地上で2機破壊」と認められた。

ウォルター・シャーボ中尉は帰還の途中眼下にMe262を発見、高度差を利用して、まだ気づかずにいる敵に向かって急降下、600ヤード[550m]に迫って射撃を浴びせると、

笑顔で報道班のインタビューに応じるボブ・ジョンソン(左)と「バド」・マハリン。ジョンソンは命令により、戦意昂揚のために全米各地を巡ってスピーチを行い、その熱意で多くの人々を感動させた。

パイロットが1500フィート[450m]の高度でキャノピーを吹き飛ばして脱出、機体はムリッツ湖に墜落した。この第8航空軍のP-47に撃墜された最後のジェット機を含み、この日の全撃墜数は6.5機だった(端数は他の航空軍との協同撃墜による)。

3日後、またもや大規模な機銃掃射が行なわれ、「ウルフパック」はデンマークのエゲベックでなんと、地上で完全に破壊したもの95機、同じく地上の81機を撃破する戦果をあげた。この日は同航空群がヨーロッパ戦域で活動を開始してから満2年にあたり、しかもこの戦果から予想される通り、多数の「地上攻撃のエース」が生まれて、二重にめでたい日となった。地上で最高の成績を収めたのは、10機を破壊して「ダブルエース」になった第63飛行隊のランデル・マーフィー中尉と、6機を破壊してエースとなったヴァーノン・スミス中尉だった。

基地に帰ったパイロットは今日の機銃掃射はまるで池の鯉を撃つようなもので、あんまりやさしくて張り合い抜けしました、と報告したという。銃撃の的になった地上の敵機はほとんどがBf110、Ju88、He111で、第一線の単座戦闘機が少しだけし混じっていた。この日の「大虐殺」が終った時点で、「ウルフパック」の撃墜と地上破壊の合計機数が、1000の大台を越えた。

4月16日に、対空砲火の最後の犠牲者が出た。フールドルフの近くで第62戦闘飛行隊のエドワード・アペル大尉が撃墜され、戦死したのである。彼は第二次大戦で撃墜された、第8航空軍最後のP-47パイロットになった。

第56戦闘航空群の最後の出撃は、なかなか盛大だった(もちろんそれが最後になるかどうか、当事者が知っていたわけではない)。4月21日、ウィリアムソン少佐率いる第62、第63戦闘飛行隊の総数39機の「A」群と、ペリー少佐率いる第61戦闘飛行隊の総数18機の「B」群が、B-24を護衛する「ラムロッド」に揃って出発したのだった。しかし悪天候のため爆撃機の出撃が中止になり、その原因となった厚い雲の下をリンツからインゴルシュタットまで哨戒飛行したが、ドイツ機との遭遇はなかった。誤って地上の友軍を攻撃することのないよう機銃掃射は一切禁じられていたので、サンダーボルトは完全に手持ち無沙汰になり、空しくボックステッドに引き揚げて、弾倉から機銃弾を取り外した。欧州戦線で最長の歴史を誇るP-47戦闘機隊にとっ

米陸軍航空隊のお偉方といえども、欧州の空の戦いがパイロットの立場から見ていかなるものであるかを知るには、パイロット本人の口からじかに聞くしかなかった。写真の語り手は例のボブ・ジョンソン、聞き手は第65戦闘航空団司令官ジェス・オートン准将と、第8航空軍参謀長フランシス・グリスウッド准将。(IWM)

て、戦争は終ったのである。

1945年5月
May 1945

第56戦闘航空群から、戦闘による死傷者が出尽くした直後に、今度は不慮の事故による犠牲者が出た。5月1日の訓練飛行中、ポーランド人パイロット、アルビン・チホウスキ中尉が殉職したのである。1944年初頭、英空軍から転入した一群のポーランド人パイロットがいたが、それよりやや遅れて「ウルフパック」に参加したチホウスキは、61飛行隊に入隊以来32回出撃の実績があった。この日はイギリスのデボン州ティヴァートンの近郊で、4機編隊の各機が地上の目標に向かって順次突入する訓練中に、ガブレスキーと同じく、高度を下げ過ぎたのが命取りとなった。

戦争の終結を間近に控えて、第8航空軍は早くも兵員の本国送還を開始した。そのなかには多数のエースも含まれ、ジム・カーター少佐もそのひとりだった。カーターは第56戦闘航空群の一員として137回も出撃したのち、5月8日に第61戦闘飛行隊長の職を辞して、本国へ引き揚げた。彼の最終スコア撃墜6、不確実撃墜3、撃破3はすべて戦闘機で、そのうち2機がBf110だった。ジム・カーターが「ウルフパック」を離れた日に、戦争が終わった。

戦争のあとも、サンダーボルトにはまだ仕事が残っていた。ただそれは、戦闘ではなく儀式だった。パリで連合国主催の戦勝記念行事が開催され、米軍の代表的な軍用機が展示されることになったのだ。当然ながら、著名な「ウルフパック」を代表するサンダーボルトがこれに加わることになり、横腹に大きく「Zemke's Wolfpack」の文字を書き、コクピットの横に「ハブ」本人の記録に相当する撃墜マークを描き込んだ元ポール・ドーソン中尉専用機(P-47M-1)が、ほかの飛行機に混じってエッフェル塔の下に並んだ。この機体には、最初M型の一部に現地装着され、次のN型から生産ラインで標準装備されることになった、背の高いタイプのドーサルフィンがついていた。また機体の横に、第56戦闘航空群がヨーロッパ戦線で延べ1000機以上のドイツ機を撃墜および地上撃破した旨の説明が添えてあった。

ところで第8航空軍のなかで、空と地上で最大の戦果を収めたのは、いったいどの戦闘航空群だろうか。この疑問には、はっきりいって明確な答えが存在しない。なぜなら、空中は別にして、地上の航空機の破壊を正確に評価して点数化する方法などあり得ないからだ。それでもたとえば第56「ウルフパック」戦闘航空群についていうなら、空中と地上をあわせて破壊した総戦果が1006.5、そのうち空戦で撃墜した分は677という数字が、一応公式に残されてはいる。

その第56戦闘航空群所属のパイロットで、空戦で5機以上を撃墜してエースになった者は、全部で42名に達する。そのほかに第8航空軍の内規により、空戦の撃墜に機銃掃射による地上の破壊を加算してエースになった者が3名、また空戦の撃墜がなくて、地上の破壊だけでエースとなった者が3名いる。

第8航空軍の戦闘機エースたちにとって、P-47は強くて信頼のおける、いい飛行機だった。また多くのエースにとってP-47は、それで実戦を経験した初めての戦闘機でもあった。そしてマスタングが戦場に現れてから終戦まで約10カ月の期間があったため、多数のパイロットが両方の戦闘機で勝利を記録した。

第56戦闘航空群の11人の高位エースが残した撃墜記録は次の通りである。

ドイツの捕虜収容所から解放され、本国に帰還したのち正装して写真におさまった第VIII戦闘機集団最高のエース、フランシス・「ギャビー」・ガブレスキー中佐。

フランシス・ガブレスキー	28*
ロバート・ジョンソン	27
デイヴィッド・シリング	22.5
フレッド・クリステンセン	21.5
ウォーカー・マハリン	19**
ヒューバート・ゼムキ	18
ジェラルド・ジョンソン	16.5
ジョー・パワーズ	14.5
ルロイ・シュライバー	14
フェリックス・ウィリアムソン	13
マイケル・カーク	12

* ガブレスキーは朝鮮戦争でもF-86に乗って6.5機撃墜を記録した。

**マハリンは1945年1月、太平洋戦線でP-51Dにより撃墜1機を追加、また朝鮮戦争ではF-86で3.5機撃墜を記録した。

あとがき
Facts and Figures

第8航空軍には、全部で9個の戦闘航空群があった。番号をあげると第4、第56、第78、第352、第353、第355、第356、第359、第361である(もうひとつ第358戦闘航空群があったが、創設2カ月で第Ⅷ戦闘機集団から第9航空軍に移籍した)。そしてP-47で敵5機以上を撃墜したいわゆるサンダーボルトエー

28番目の撃墜マークを書き込んだ、ガブレスキーのP-47D-25 42-26418。火器担当整備員のジョー・ディフランザ上等兵が、ガブレスキーと祝福の握手を交わしているところ。これとまったく同じ構図で、整備員ではなく第8航空軍の報道班員が最終撃墜マークを指差している写真もある。なにしろ「ギャビー」は有名人なので、写真がいくらあっても不思議ではない。特に出身地の地方新聞「Oil City Blizzard」には、数え切れないほど多くの写真が掲載された。

スが、そのうちの7個の航空群から生まれた。第8航空軍のサンダーボルトエースの総数は64名で、内訳は第4航空群から4名、第56航空群から42名、第78航空群から10名、第352航空群から1名、第353航空群から5名、第355航空群から1名、第356航空群から1名となっている。第359および第361航空群からエースが出なかったのは、英国への展開が遅かったのと、P-51への転換が早かったのが重なって、P-47の使用期間がほかの航空群にくらべて短くなったためである。

上記の数字は、著者が独自に、というより勝手に抽出したに過ぎない。こういう分けかたをしたのは、マスタングだけのエース、サンダーボルトとマスタング両方で得点したエース、欧州戦域でP-38により撃墜を記録してからP-47またはP-51に乗り換えてさらに記録をのばした(ごく少数の)エースなどを、純粋のサンダーボルトエースから区別するためであり、ほかに意図はない。なかには太平洋戦線で戦果をあげてから欧州に移ってまたまた撃墜を重ね、日本機を表す日章旗または旭日旗と、ドイツ機を表す鉄十字またはカギ十字マークとを、胴体側面にズラリと並べたつわものもいた。また英空軍に所属して戦果をあげた米人パイロットも現実に存在した。しかしこれらは著者の興味の対象からはずれるので、上記の分析にはいっさいとり入れなかった。

本書に記した各パイロットの撃墜戦果は、すべてフランク・オリニク博士の、膨大ながら驚くほど読みやすい、各種の著作から引用させていただいた。博士の著作に掲載された数字は、すべて米空軍戦闘機戦果判定委員会の最終判定記録に準拠したものである。撃墜記録は時に誤解が先行することがあり、たとえばエースになったばかりのパイロットが、鉄十字またはカギ十字のマークを6個あるいはそれ以上描き込んだ愛機とともに写真におさまっていたりする。こういうケースはたいていの場合、戦後の調査で不確実撃墜を本人が勝手に撃墜に数えた結果とわかって、それまで一般に信じられていたスコアが訂正されることになるのだが、当時撃墜の申告はまったく良心的に行なわれたというし、マークを追加することで本人の名が上がり、それが士気の昂揚につながったのであればけっこうなことで、むしろ放っておいた方がいいような気もする。

すでに触れたように、空中ではおそらく一度も敵機と格闘したことがないのに、堂々とエースに仲間入りした第VIII戦闘機集団のパイロットもいる。それは同戦闘機集団独自の規定で、地上の敵機の破壊が空中での撃墜と同等と見なされたからだ。だがこのルールは正直いってあまりいただけない。いくら機銃掃射が危険をともなうといっても、やはり地上より空中の勝利を重く見たくなるのが、人情というものだろう。

米軍の戦闘機によって地上で破壊されたドイツ機を、どの機種が何機というふうに詳細に分類した資料はどこにもない。確かなことはひとつしかなくて、それはドイツの敗色が濃くなった戦争の末期には、ドイツ空軍にとってもはや何の価値もなくなった何百という爆撃機や輸送機が、飛行場の周りに捨てたも同然に放置されていたということだ。だからそれを銃撃で破壊したところで、戦争の帰結には何ら影響がなかったとしか思えないのである。しかし地上の敵機の破壊がすべて無駄だったということではなくて、なかには離陸して連合軍爆撃機の攻撃に向かう前に地上で破壊された5機のMe262や、昼間のうちに機銃掃射で破壊されて、夜間飛来する英軍爆撃機を攻撃する道を絶たれた夜間戦闘機のように、充分価値ある獲物もたしかに混ざってはいたのである。

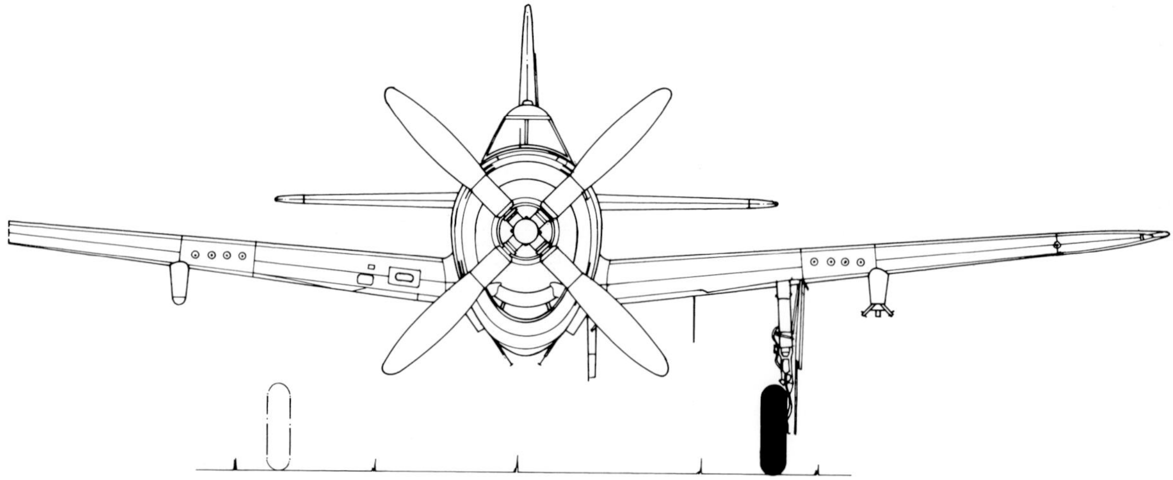

P-47D-15サンダーボルト前面
上面および下面図

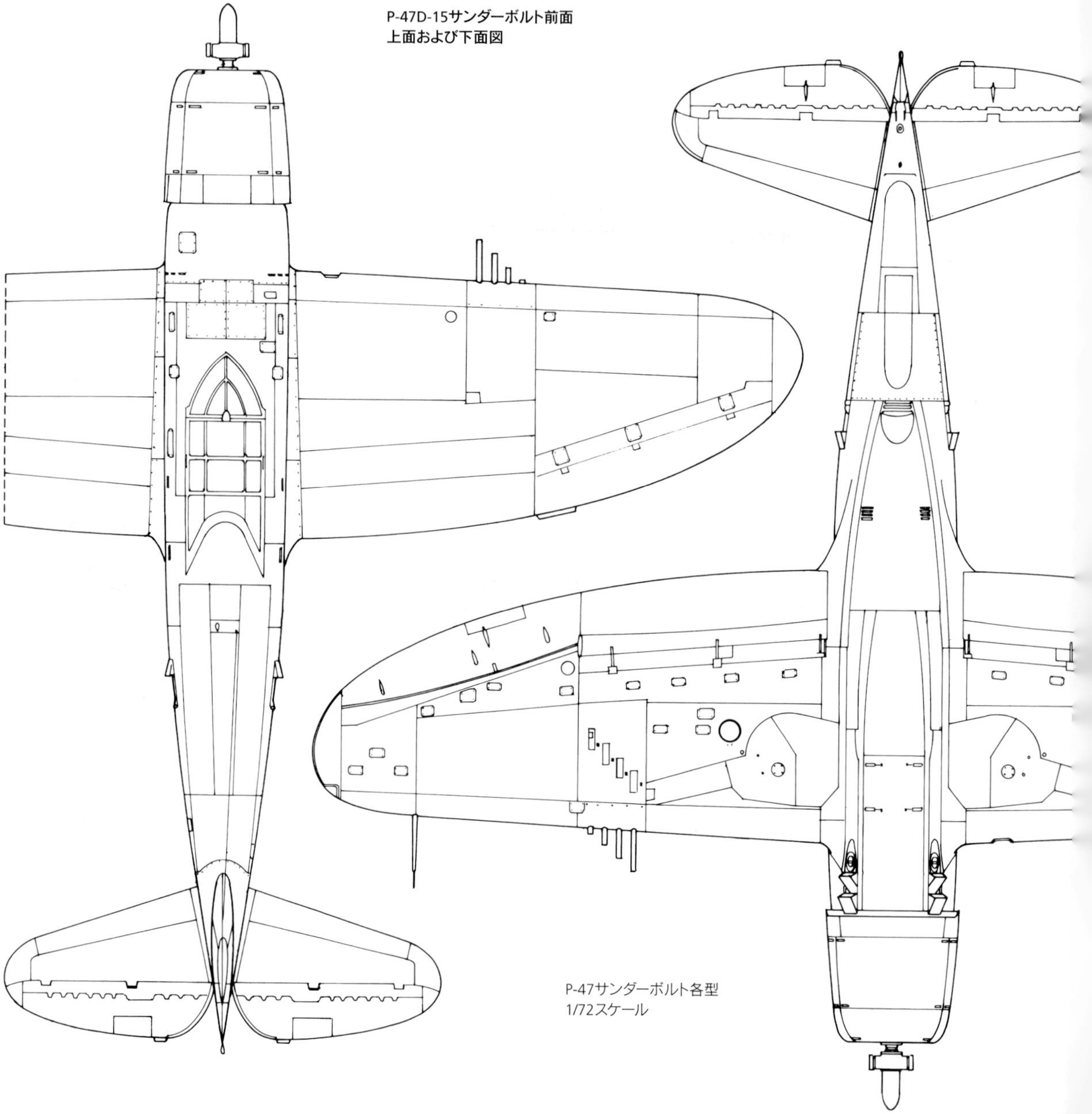

P-47サンダーボルト各型
1/72スケール

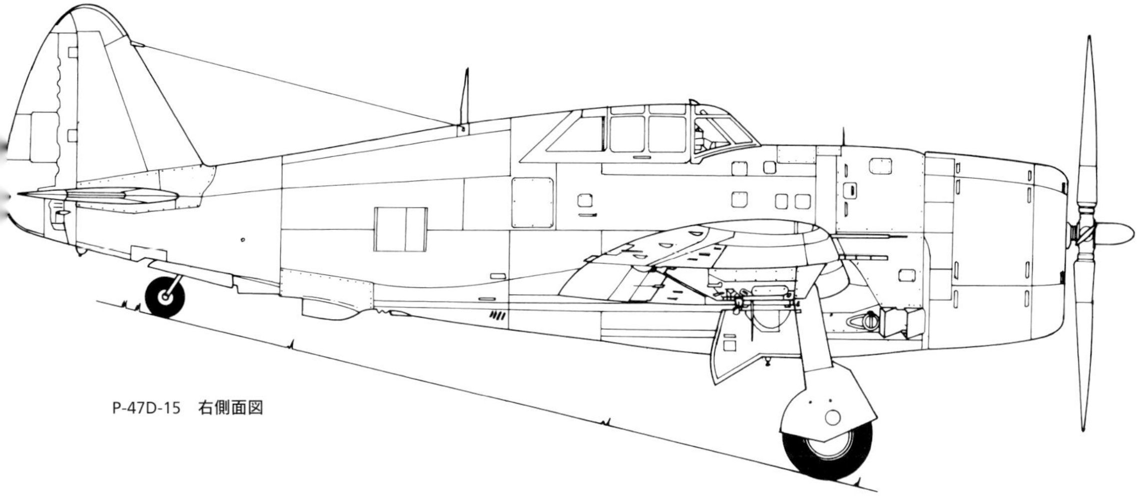

P-47D-15　右側面図

P-47D-15　左側面図

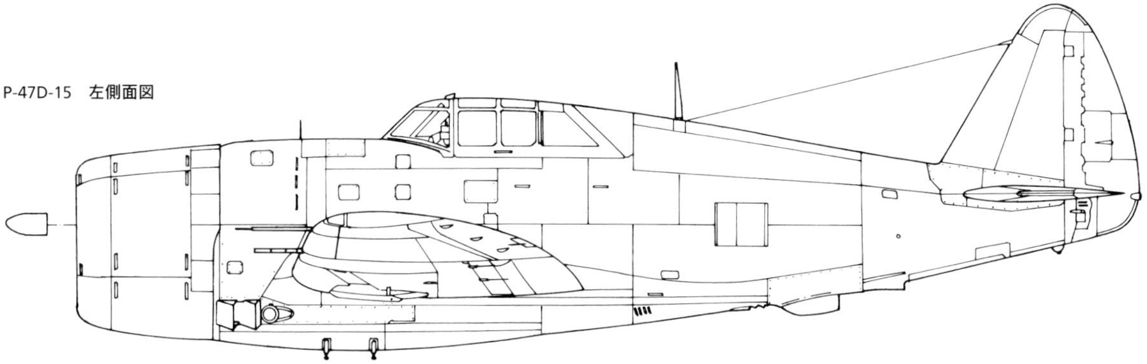

P-47C

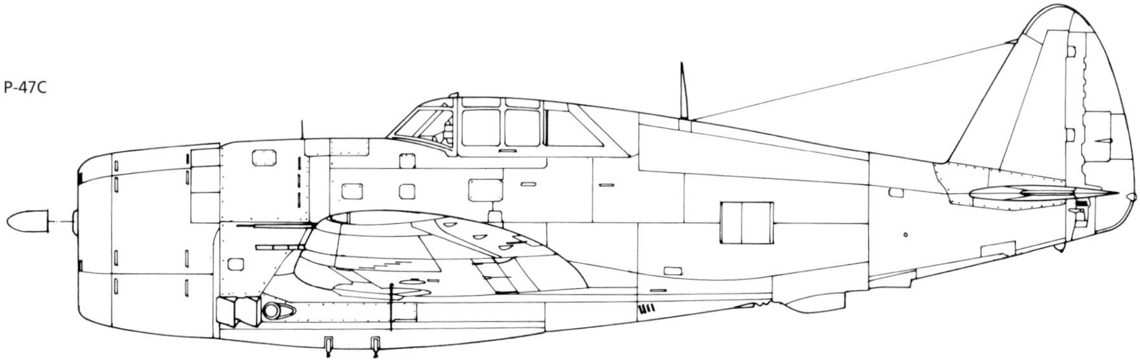

P-47M-1

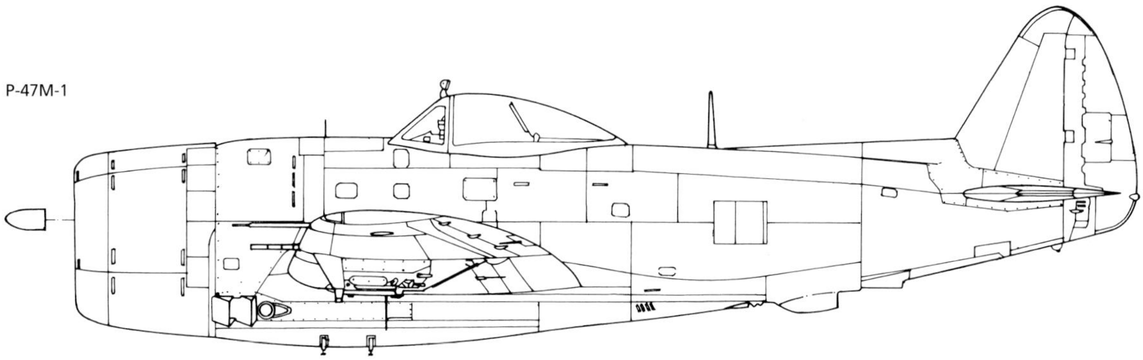

カラー塗装図　解説
colour plates

1
P-47C-5　41-6584　HOLY JOE　1943年8月　ヘイルズワース
第56戦闘航空群第63戦闘飛行隊　ジョー・イーガン中尉
のちに5機撃墜のエースとなったジョー・イーガン中尉は、正規の迷彩塗装に初期の欧州戦線特有のマーキングを施したこの機体で1943年8月19日に初の撃墜を果たした(Fw190)。しかしその後この機体とは縁が切れて、残りの4機を撃墜した時はP-47D-10 42-75069/UN-EとP-47D-15 42-75855/UN-Eに乗っていた。図では国籍マークの縁どりが黄色だが、ある資料によればのちに赤へ変更されたとあるから、少なくともその時点までこの機体が健在だったことになる。

2
P-47C-2　41-6211　JACKIE　1943年8月　ヘイルズワース
第56戦闘航空群第61戦闘飛行隊　ロバート・ラム大尉
図版1で解説したジョー・イーガンと同じく、のちに7機撃墜のエースとなったロバート・ラム大尉も1943年8月19日、この機体で初の撃墜を果たし(Fw190)、続けて10月半ばにMe210(410?)を撃破した。左の図は、エンジンカウル右側面を示す。

3
P-47C-5　41-6343　LITTLE COOKIE　1943年10月
ヘイルズワース
第56戦闘航空群第62戦闘飛行隊　ウォルター・クック大尉
ウォルター・クック大尉が、最終記録6機のうちの4機を撃墜した機体。エンジンカウルの両側に「LITTLE COOKIE」の文字がある。クックは1943年10月20日、着陸時にタイヤがパンクして本機のプロペラを曲げてしまい、その代わりにP-47C-2 41-6193/LM-Bを借用。同年11月11日、それに乗って一挙に2機(いずれもFw190)を撃墜している。クックは66回出撃し、1944年2月にアメリカへ帰った。

4
P-47C-5　41-6335　EL JEEPO　1943年6月　ダックスフォード
第78戦闘航空群第83戦闘飛行隊　チャールズ・ロンドン大尉
この機体は第8航空軍で最初にエースとなったチャールズ・ロンドン大尉が、1943年5月14日から7月30日までのごく短い期間に、5機撃墜、1機不確実撃墜、2機撃破の大戦果をあげたサンダーボルトとして有名。この図は34頁上の写真をもとに作成したもの。図では撃墜マークがまだ4個だが(内訳は撃墜3と不確実撃墜1)、このあと7月30日に2機を撃墜してロンドンは一気にエースになった。なお「EL JEEPO」はロンドンが使った数カ月のあいだ、塗装にいっさい手が加えられなかったことが確認されている。

5
P-47C-5　41-6330　"МОИ ТОВАРИЩ"
1943年6月　ホースハム・セントフェース
第56戦闘航空群司令ヒューバート・ゼムキ大佐
今や伝説中の人物となった「ハブ」・ゼムキ大佐が初期に使った機体。「"МОИ ТОВАРИЩ"」(ロシア語で「我が同志」。ゼムキは教官としてソ連に派遣されたことがある)の文字は1943年5月に記入されたもの。胴体右側には、これと同じ文字が半円形に並んでいる。機体を受領したパイロットを表すコードレターが、ゼムキの頭文字「Z」になっており、これは編隊長、戦闘飛行隊長、戦闘航空群司令のみに許される一種の特権だった。しかし公平を旨とするゼムキはいささか気がとがめたらしく、時期は不明だが、のちに「我が同志」の文字と、車輪の絵(ニックネームの「ハブ」と、司令が中心人物であることの、両方にかけたもの)を消させた(国籍マークの縁が赤に、またコードがUN-Sに変わり、文字も車輪の絵もなくなった1943年9月撮影の写真が実際に存在する)。1943年5月14日から8月19日まで、つまりゼムキがこれで最初の3機を撃墜した期間がいわばこの機体の絶頂期であった。本機は1944年のクリスマスイブに、アダム・ヴィシニエフスキ中尉が胴体着陸させ、廃機処分がなされた。

6
P-47C-5　41-6630　Spokane Chief　1943年8月
ダックスフォード
第78戦闘航空群第84戦闘飛行隊長ユージン・ロバーツ少佐
ユージン・ロバーツ少佐はこの機体で、彼の総戦果9機のうち6機の撃墜と、彼にとってただ一度の不名誉な記録、1943年7月1日の不確実撃墜を果たした。彼は最初の敵3機を借り物のP-47C-2 41-6240/WZ-Eで撃墜(一日であげた戦果)したのち、この「Spokane Chief」に戻って8月17日に4機目を落とした。ロバーツは第84戦闘飛行隊長を長く務めたのち、1943年10月中佐に進級、同時に航空群副司令の要職に就き、89回出撃後に第Ⅷ戦闘機集団司令部勤務に転じた。

7
P-47D-6　42-74641　Feather Merchant Ⅱ　1943年11月
ダックスフォード
第78戦闘航空群第84戦闘飛行隊長ジャック・プライス少佐
ジャック・プライス(当時大尉)は1943年の春、つまりかなり早い時期に受領したにもかかわらず、この機体では彼の全撃墜5機のうちの2機を記録したに過ぎなかった。しかも面白いことに、最初の3機を撃墜した時に乗っていたのが、すべて異なる機体だった(C-2 41-6270/WZ-A、C-2 41-6228/WZ-N、C-5 41-6333/WZ-V)。正確な日付が不明で、また確かな裏付けもないが、1943年秋に機体の固有コードが「Z」から「A」に変ったものと推定されている。

8
P-47D-15　42-76179　Little Chief　1944年3月
ヘイルズワース
第56戦闘航空群第61戦闘飛行隊長フランク・クリッピー中尉
フランク・クリッピー中尉は少なくとも2機の個人用のP-47に、この正装したレッドインディアンの横顔と「Little Chief」の文字を描かせた。この図はクリッピーが受領した3機目のサンダーボルトを示したもので、彼はこれに乗ってトータル7機のうちの4機を撃墜したと推定される。クリッピーは第56戦闘航空群第61戦闘飛行隊在籍中、63回出撃した。

9
P-47D-1　42-7938　"HEWLETT-WOODMERE LONG ISLAND"
1943年10月　ヘイルズワース
第56戦闘航空群副司令デイヴィッド・シリング少佐
第56戦闘航空群から、20機以上撃墜の実績をもつエースが4人生まれ、そのうちのひとりがデイヴィッド・シリングだった。図はシリングが少佐当時最初に受領した機体。D型のなかでもいちばん古いモデルである。シリングは、戦闘機パイロットとして優れていただけでなく、第8航空軍有数の傑出したリーダーでもあった。1941年6月2日、第56戦闘航空群に配属、第62戦闘飛行隊長を経て1943年8月、第56航空群副司令に任命されるまでは戦果に恵まれなかったが、それ以後P-45C-5 41-6343/LM-Wで2機、C-5 41-6347/LM-Oで1機、次にこの戦時債券で献納された機体で1943年10月8日に1機(Fw190)と、矢継ぎ早に撃墜を重ねた。その直後シリングはこの機体を胴体着陸させ、修理が終わってからなおもこれで2.5機撃墜を記録した。11月29日、別のサンダーボルトに乗り換えたが理由は不明。

10

P-47C-5　41-6347　Torchy/"LIL" AbNer　1943年11月
ヘイルズワース
第56戦闘航空群第62戦闘飛行隊　ユージン・オニール大尉

ジーン・オニール大尉が1943年の11月から12月にかけて最初の3.5機撃墜を記録した機体。戦果の端数0.5は、11月26日に協同撃墜したBf110の分。このサンダーボルトにはここに紹介したのとは別に第三の名前もあり、右側のコクピット外板に「Jessie O」と書いてある。オニールは1941年12月23日に第62戦闘飛行隊(当時の正式名称は追撃飛行隊だった)に入隊、最後に撃墜を記録したのが1944年2月6日で、その時はP-47D-10 42-75125/LM-Eに乗っていた。オニールは多くの文献にエースとして紹介されているが、第8航空軍の「最終判定記録」、および米空軍の「戦果調査85号」は彼の記録を4.5機としており、5機という数字は残念だがどこにも見当たらない。

11

P-47C-2 41-6528　1943年10月　ヘイルズワース
第56戦闘航空群第63戦闘飛行隊　グレン・シルツ中尉

グレン・シルツ中尉が撃墜8、不確実撃墜0、撃破3という輝かしい戦果を達成する過程で使った数多くのサンダーボルトのひとつ。というとなんでもないようだが、もっと詳しくいえば彼がエースの資格を獲得した5番目の撃墜を記録した点で記念すべき機体。この撃墜は1943年12月11日に記録、機種はMe210だった。シルツが本機で収めた戦果はこれのみである。

12

P-47D-1　42-7877　"JACKSON COUNTY. MICHIGAN. FIGHTER"/IN THE MOOD
1943年10月　ヘイルズワース　第56戦闘航空群第61戦闘飛行隊
ジェラルド・ジョンソン大尉

「ウルフパック」のトップエースのひとり、ジェラルド・ジョンソンが5.5機撃墜を記録した機体。これに乗った時、ジョンソンはすでに大尉だった。参考資料は斜め前から撮影したカラー写真と、機体名[戦時債券を購入してこの機体を献納してくれた人たちの住む都市名]が辛うじて読める粗末なスナップ写真しかなく、それをもとに作成したのがこのカラー図。ジェリー・ジョンソンは個人機として受領したこの機体で1943年6月26日に初撃墜(Fw190)を記録、10月14日にこの機体での最後の撃墜(これもFw190)を果たし、その後さらに年末まで使い続けた。ジョンソンは少なくとも全部で5機のP-47を乗り継ぎ、しかもすべてレイザーバックだったことが知られている。

13

P-47D-11　42-75242　1944年2月　ヘイルズワース
第56戦闘航空群第62戦闘飛行隊 マイケル・カーク大尉

マイク・カークは、まずP-47C-2 41-6215/LM-K、41-6295/LM-K、D-2 42-22481/LM-Sを乗り継いで3機を撃墜、それから図の機体を受領して、1944年2月25日に Fw190を撃墜するまでに(これを含め)撃墜6.5、不確実撃墜1、撃破1のスコアを上積みした。図で垂直尾翼の白い帯を消した跡が残っているが、これは方向舵をカラー塗装するための準備であって、のちにカークがまだこの機体を使用しているあいだに、無事塗り替えを終了している。カークは1944年9月17日付で少佐に進級したが、その任命は、タイミングとしてはゼリゲンシュタット飛行場襲撃で対空砲火により撃墜され、捕虜となって1週間が過ぎたあとになってしまった。カークの最終戦果は撃墜11、不確実撃墜1、撃破1。

14

P-47D-1　42-7890　BOISE BEE　1944年1月　デブデン
第4戦闘航空群第334戦闘飛行隊　デュアン・ビーソン中尉

1944年4月の時点で、早くも撃墜17.333機の大記録を達成、第VIII戦闘機集団トップエースのひとりとなったデュアン・「ビー」・ビーソン中尉(のちに大尉)が、少なくとも11機の撃墜に使用した機体。第334戦闘飛行隊がP-51に転換する(1944年2月末)までにサンダーボルトでビーソンが撃墜した敵機は、全部で12機だった。ビーソンは1944年4月5日、対空砲火に撃墜され、捕虜となった。

15

P-47D-5　42-8473　Sweet LOUISE/Mrs Josephine/Hedy
1944年3月　ボドニー
第352戦闘航空群第487戦闘飛行隊　バージル・メロニー大尉

ボドニー駐屯の第352戦闘航空群がP-51に転換する前、つまりまだP-47を使っていた間に、ひとりだけエースが生まれた。それがバージル・メロニーである。彼は1943年12月1日から1944年3月16日にいたるわずか3カ月半のあいだに、この機体で9機撃墜、1機撃破の記録を残した。機名に登場する3人の女性は、この順にメロニー、ギースティング整備主任、ギレンウォーター整備員それぞれの夫人を指す。胴体右側には、左側の「Sweet LOUISE」に相当する位置に「Mrs Josephine」の文字が、またエンジンカウル上に「Hedy」の文字が、それぞれ書かれている。メロニーは1944年4月8日、P-51Bで初出撃した際対空砲火に撃墜されてしまった。

16

P-47D-10　42-75068　1944年4月　イースト・レトハム
第359戦闘航空群第370戦闘飛行隊
レイモンド・ウェットモア中尉

レイ・ウェットモア中尉は撃墜記録が4.5機なので、厳密にはエースではない。しかしカラー図には彼が所属した359航空群の機体がほかにひとつもないので、代表として彼の専用機を掲載させてもらった。ウェットモアは同航空群では最高記録の保持者で、2位が4機撃墜のロバート・ブース中尉である。ウェットモアは、図の機体で1944年3月16日、一度に2機のFw190を撃墜し、その後残りの2.5機を、P-47D-5 42-8663/CR-GとP-47C-2 41-6282/CS-Oで撃墜した。図の8個の撃墜マークは、なぜこれだけの数になるのか、まったくの謎である。筆者は当初、ウェットモアが遭遇した敵機を全部撃墜したと信じて描いたのではないかと疑ったが、報告書を調べると遭遇したのは6機であり、つじつまが合わない。そうなると、だれかこの機体を頻繁に使った別のパイロットがいて、そっちの戦果が記入されたと考えるしかなさそうだ。

17

P-47C-5　41-6325　'Lucky Little Devil'　1943年10月
ヘイルズワース
第56戦闘航空群第63戦闘飛行隊　ジョン・ヴォークト中尉

ジョン・ヴォークトは、第VIII戦闘機集団内でふたつ以上の戦闘航空群(彼の場合は第56と第356)を渡り歩きながら、同じ機種[P-47]に乗り続けて多数の敵機を撃墜したパイロットのひとりである。図は彼が第56戦闘航空群で受領した初めての機体。これで3機を撃墜してから、P-47D-5 42-75109/UN-Wに乗り換え、その後第356航空群第360飛行隊に移って、P-47D-20とD-25(後者はバブルトップ)を1機づつ乗り継ぎながら3機を撃墜した。最終戦果は撃墜8、不確実撃墜0、撃破1だった。

18

P-47D-5　42-8487　"SPIRIT OF ATLANTIC CITY, N.J."
1944年3月　ヘイルズワース

第56戦闘航空群第63戦闘飛行隊　ウォーカー・マハリン大尉

「バド」・マハリン大尉は、第56戦闘航空群に長くとどまって、Fw190からJu88にいたる多様な敵機を19.75機も撃墜した、第一級のエースである。ニュージャージー州アトランティックシティの市民が戦時債券を買って献納したこの機体は、マハリンが受領した2番目のもので、彼はじつに3機を除く全撃墜記録を、この機体で達成したのだった。その例外となった3機は、C-2 41-6259/UN-Vによるものが2機(ともにFw190、8月17日)、D-11 42-75278/UN-Bによるものが1機(Bf109、11月29日)だった(11月29日にはもう1機別のBf109をも撃破している)。図版9と図版12を見るとわかるが、戦時債券の機体は、部隊を表す2文字のコードレターを消して、そこに献納してくれた都市名を書くのが普通らしい。ところがこの機体では部隊コード「UN」が、横にどいてはいるが、堂々と居座っている。またこの機体の右側には、パーソナルマーキングの類いが一切ないことが確認されている。マハリンは1944年3月27日、シャルトル南方で協同撃墜したDo217と相撃ちになり、自身も撃墜された。

19

P-47D-5　42-8413　"MA" FRAN 3RD
スティープル・モルデン
第355戦闘航空群第357戦闘飛行隊　ノーマン・オルソン大尉

ノーマン・オルソン大尉も欧州戦線で7カ月間だけP-47を運用した第355戦闘航空群の生んだ、唯一の「サンダーボルトエース」である。オルソンは最終戦果、撃墜6、不確実撃墜0、撃破2を達成するのに、このD-5のほかにD-2とD-6にも乗ったことがわかっているが、図のD-5が、彼が受領した唯一の専用機だった。オルソンは1944年3月末、P-51Bに乗り換えたあと、4月8日にツェレ～ホーファー近郊で対空砲火に撃墜され、戦死した。

20

P-47D-5　42-8634　Dove of Peace Ⅳ　1943年12月
メットフィールド
第353戦闘航空群司令グレン・ダンカン中佐

グレン・ダンカンは第353戦闘航空群に在籍中、少佐から出発して中佐、大佐と進級を重ねながら、一方で撃墜戦果19.5機を記録した華やかな経歴の持ち主で、個人専用のサンダーボルト4機を乗り継いだとされる。図の機体が「Dove of Peace」と命名されたのは確かだが、その文字が右側面ではどこに書いてあったのか不明である。もしかすると、右側には何も書いてなかったかもしれない。またこれがダンカンの4番目の機体だとすると、当然この前に乗っていた3機が存在するわけだが、それがどんな機体だったかわからないし、P-47だったという確たる証拠もじつはないのである。ダンカンが第361戦闘航空群から第353戦闘航空群に移ったことを考えると、アメリカ本国で乗っていた飛行機かもしれない。

21

P-47D-1　42-7883　IRON ASS　1943年12月
ダックスフォード
第78戦闘航空群第82戦闘飛行隊長
ジャック・オーバーハンスリー少佐

ジャック・オーバーハンスリーが受領した2番目の専用機。最初のP-47C-5 41-6542/MX-Wの左側面にも、この図と同じ(正確には枠が丸ではなく四角)個人マークが描いてあった。オーバーハンスリーは、この機体で1943年9月27日と11月30日に各1機を撃墜、続いてP-47D-11 42-75406/MX-Zに乗り換えて4機を撃墜した。彼が1944年8月28日に最後の6機目を撃墜した時は、バブルトップのD-28 44-19566/MX-Xに乗っていた。

22

P-47D-6　42-74753　OKIE　1944年3月　ダックスフォード
第78戦闘航空群第84戦闘飛行隊　クインス・ブラウン中尉

クインス・ブラウンは1943年9月27日から1944年9月1日までのおよそ1年間に、12.333機撃墜の大戦果をあげた。図は彼が最初に受領した機体で、これで初撃墜を含む7.333機の戦果を記録している。ブラウンはこれとは別の3機のサンダーボルト、D-6 42-74723/WZ-X、D-5 42-8574/WZ-D、D-25 42-26567/WZ-Vでも撃墜を記録している。この「OKIE」(オーキーはオクラホマ州の住人を指し、ブラウンもそのひとりだった)は、ブラウンが銀のナチュラルメタルカラーに輝くレイザーバックD-5 42-8574/WZ-Dに乗り換えたあと、個人コードを「V」に変えて、別のパイロットに割り当てられた。

23

P-47D-6　42-74750　Lady Jane　1944年3月　ヘイルズワース
第56戦闘航空群第63戦闘飛行隊　ジョン・トゥルーラック中尉

ジョン・「ラッキー」・トゥルーラックは、最初に受領したP-47D-1 42-7853/UN-Rで初撃墜を果たし、それから図の機体で2機目と3機目を撃墜した。その後D-5 42-8488/UN-Aに乗り換えて、11月26日にFw190を撃墜、Bf110を撃破、次にこの「Lady Jane」に戻って、1944年2月24日、Fw190を撃墜、晴れてエースとなった。その後D-10 42-75206/UN-Gで6機目を、それからまたもや「Lady Jane」で7機目と8機目(Fw190、1944年3月15日)を、それぞれ撃墜した。最後の撃墜の時はBf109も1機撃破した。

24

P-47D-11　42-75435　Hollywood High Hatter　1943年12月
ヘイルズワース
第56戦闘航空群第61戦闘飛行隊　ポール・コンガー中尉

少々気取った名前のついたこのサンダーボルトは、ポール・コンガーが最初に受領した機体で、3個のキルマークが物語る通り、コンガーはこれで3機を撃墜したと考えられている。コンガーはこのあと、戦時債券献納機P-47D-1 42-7880/HV-N「REDONDO BEACH, CALIFORNIA」に移り、最後はP-47M-1 44-21134/UN-Pに乗った。コンガーは機体の調達に苦労したほかの多くのエース同様、最終記録11.5機撃墜を達成するのに、借り物のP-47を最小限3機使ったと考えられている。

25

P-47D-10　42-75163　1943年12月　ヘイルズワース
第56戦闘航空群第61戦闘飛行隊　ジョー・パワーズ中尉

ジョー・パワーズ中尉は、1943年秋に受領してから12月10日まで、この機体では何の戦果もあげなかった。しかし実際はその間に借用したC-2 41-6267/HV-VとC-5 41-6337/HV-Sで、それぞれ1機ずつBf109を撃墜していた。彼が「Powers Girl」と命名した図のD-10で初戦果を記録するのは12月11日のことで、この日パワーズはBf109とBf110を各1機撃墜し、もう1機のBf110を撃破する大戦果をあげた。彼はその後この機体をあまり使わなくなり、上記の41-6267を含む他の機体で出撃する方が多かったが、1944年に入ってから、1月、2月、4月の3回にわたって、ふたたびこの「Powers Girl」で撃墜を果たした。パワーズは1944年5月にツアーを終えて大尉に進級し、最終戦果は撃墜14.5、不確実0、撃破0.5だった。

26

P-47D-5　42-8461　"Lucky"　1944年2月　ヘイルズワース
第56戦闘航空群第61戦闘飛行隊　ロバート・ジョンソン中尉

この「"Lucky"」は、ロバート・ジョンソンが3番目に受領した機体で、彼が3～6番目の撃墜を記録したのち、1944年3月22日、デイル・ストリームの操縦で飛行中、北海に墜落して失われた。ジョンソンはこれ以前にC型のサンダーボルトを2機（Half PintとAll Hell）乗り継いでおり、その2機目のC-5 41-6235/HV-Pで、最初と2番目の撃墜を果たしていた。図の機体が北海に沈む数週間前、ジョンソンはP-47D-15 42-76234/HV-Pに乗り換え、2番目の愛機という意味をこめて「Double Lucky」と命名した。この機体は持ち主の期待に違わず長生きして、ジョンソンは7番目以降、最後から3番目までの撃墜を、全部これで果たすことになった（実際のところ、その19回の撃墜に使った機体のコードがどれもHV-Pだったのは確かだが、製造番号までが全部42-76234だった、つまり完全に同じ機体だったかどうかは、保証の限りではない）。そしてジョンソンの最後とそのひとつ前、すなわち26番目と27番目の撃墜に関与した機体が、図版38の「Penrod & Sam」である。

27

P-47C-2　41-6271　Rat Racer　1943年10月　ヘイルズワース
第56戦闘航空群第61戦闘飛行隊　フランク・マコーリー中尉

第56戦闘航空群で比較的早くエースとなった「マック」・マコーリーの専用機。「Rat Racer」の文字を主翼の付け根に沿って並べ、その少し上にマイティマウスの画が描いてある。マコーリーはこの機体だけで5機を撃墜し、エースとなった。コクピット横に6個の撃墜マークが見えるが、そのうちの1個はのちに無効と判定された分なので、有効なのは5個だけということになる。マコーリーは46回出撃したのち、1943年11月20日に「ウルフパック」を去り、第495戦闘訓練航空群の教官となって終戦を迎えた。

28

P-47D-10　42-75207　Rozzie Geth/"BOCHE BUSTER"
1944年3月
ヘイルズワース　第56戦闘航空群第62戦闘飛行隊
フレッド・クリステンセン中尉

図は第62戦闘飛行隊のフレッド・クリステンセンが、初めて受領した機体。不思議なことにクリステンセンはその偉大な撃墜戦果21.5機の第1号を、これとは別のC-2 41-6193/LM-Bであげた。しかしあたかもその埋め合わせのように、続く撃墜10.5機の戦果は、全部この機体で成し遂げた。クリステンセンは1944年の晩春までこの機体を使い続け、続いてレイザーバックを2機乗り継ぎながら、全部で107回の出撃を果たした。

29

P-47D-5　42-8476　LITTLE DEMON　1943年12月
メットフィールド
第353戦闘航空群第351戦闘飛行隊　ウォルター・ベッカム大尉

ウォルト・ベッカムはこの「LITTLE DEMON」を欧州着任早々に受領し、トータル18機に達する彼の撃墜のうちのかなりの数を、これで達成したと考えられている。ベッカムが第353戦闘航空群在籍中に別のサンダーボルトを受領したという記録はないが、1944年2月22日に対空砲火により撃墜された時は、D-11 42-75226に乗っていた。

30

P-47D-11　42-75510　1944年1月　ヘイルズワース
第56戦闘航空群第61戦闘飛行隊長
フランシス・ガブレスキー中佐

「ギャビー」・ガブレスキーが1943年春、欧州戦線で活躍し始めてから3番目に受領した機体。彼はこれ以外の機体も使ったが、主としてこの装飾のないすっきりしたサンダーボルトで戦い、1944年前半、着実にスコアを伸ばしていった。

31

P-47D-10　42-75214　POLLY　1944年3月
マートルズハム・ヒース
第356戦闘航空群第361戦闘飛行隊
デイヴィッド・スウェイツ中尉

デイヴィッド・スウェイツは、P-47だけで全機撃墜の記録を達成した356戦闘航空群唯一のパイロットである。図は彼が最初に受領した機体だが、スウェイツについては、2番目に受領したP-47D-20 42-76457/QI-Lも同じくPOLLYと命名したこと、撃墜6、不確実撃墜0、撃破3の撃墜記録を残すのに少なくとも3機のサンダーボルトを乗り継いだこと、などがわかっている。スウェイツは1944年9月に前線勤務を終えて本国に帰り、訓練教官となった。

32

P-47M-1　44-21112　1945年4月　ボックステッド
第56戦闘航空群第63戦闘飛行隊
ジョージ・ボストウィック少佐

ジョージ・ボストウィックは1944年6月7日から1945年4月7日までに、敵8機を撃墜した。彼は第62戦闘飛行隊在籍中に受領したP-47D-22 42-6289/LM-Zと、第63戦闘飛行隊に移ってから受領した図のP-47M-1を、ともに「Ugly Duckling」と命名したが、どちらの機体にもそれを文字で書かなかった。ボストウィックはMe262を撃墜した唯一のサンダーボルトエースとして知られ、1945年3月25日、P-47M-1 44-21160/UN-Fでこれを果たした。そして4月7日、Me262をさらに1機撃破した。

33

P-47D-22　42-26299　1944年12月　ボックステッド
第56戦闘航空群第63戦闘飛行隊　キャメロン・ハート大尉

図の機体は汚れていないが、実際はこのキャメロン・ハートの専用機は、1944年末の時点で傷と汚れによりひどい状態になっていたであろう。「ウルフパック」にはこの時期になっても、まだこの手の古いレイザーバックがかなり残っていたと推定される。側面に撃墜マークが4個見えるが、ハートのこの機体による戦果は1944年9月5日に達成した初撃墜と、不確実撃墜ならびに撃破各1機（すべてBf109）だけである。カウリングに描いたトラは、元はどこかの戦車隊のシンボルマークで、それをハートが気に入ってそっくり借用し、この機体と、次に受領したP-47D-28 44-19937/UN-Bにも描かせたものである。この2番目に受領した44-19937で、ハートは彼の全記録6機のうちの4機の撃墜を達成した。

34

P-47D-25　42-26641　1944年12月　ボックステッド
第56戦闘航空群司令　デイヴィッド・シリング大佐

デイヴ・シリングが受領した7機のP-47のうちのひとつ。初期の「ウルフパック」のパイロットは、みな漫画「ドッグパッチ」の大ファンで、この機体のカウリングを飾る絵は、そのなかで活躍するキャラクター「Hairless Joe」。この機体はシリングが受領したM型（P-47M-1 44-21125/HV-S）がエンジン不調で飛行禁止になったため、代わりにもらったもので、彼にとって最後から2番目のサンダーボルトとなった。シリングはこれに乗って1944年12月23日、「ファイブ・イン・ア・デイ」すなわち一日に5機を撃墜する偉業を成し遂げ、最終戦果を撃墜22.5、不確実0、撃破6とした。

35

P-47D-21　42-25698　Okie　1944年9月　ダックスフォード
第78戦闘航空群第84戦闘飛行隊　クインス・ブラウン少佐

ブラウン少佐は最初の専用機「Okie」（図版22）をほかのパイロットに譲って1944年4月に別の機体を受領し、それをふたたび「Okie」と命名した。それがこの機体である。パイロットが新しい機体を受領する場合、必ずしもより新しい型に変わるとは限らないが、選択の自由を与えられればたいては新型を選ぶのが普通で、ブラウンもそうした。彼はこの機体では、とうとう一度も撃墜を記録しなかった。

36

P-47M-1　44-21108　1944年11月　ボックステッド
第56戦闘航空群第61戦闘飛行隊
ヴィトルッド・ワノフスキ大尉

ヴィトルッド・ワノフスキは、1944年に自らの意志で進んで「ウルフパック」に転籍したポーランド人パイロットのひとり。最終撃墜戦果4機を記録して、仲間のポーランド人パイロット、「マイク」・グワディッホに次ぐ好成績をあげた。片手でドイツ機を握り潰しているカウリングの絵は、彼らポーランド人パイロットが敵に対して抱いていた憎しみの直接的な表現であり、また彼らが時にパイロットに必要な冷静さをかなぐり捨てて蛮勇を振るったことへの説明でもある。第61戦闘飛行隊は、そのP-47Mのほぼ全機に、この図と類似の意表をつく迷彩塗装を施した。

37

P-47D-22　42-26044　Silver Lady　1944年5月
ボックステッド
第56戦闘航空群第61戦闘飛行隊　レスリー・スミス少佐

レス・スミスはこの図の機体だけでなく、その前に受領したP-47D-22 42-14761にも「Silver Lady」の名をつけた形跡がある。この機体は本来スミスの専用機だが「マイク」・グワディッホ、「ギャビー」・ガブレスキー ら、多数のエースにも提供されたと推定される。スミス自身は最終撃墜戦果7機のエースだが、この時はまだそこまで到達していなかったはずなので、コクピット横に書かれた7個の撃墜マークは、おそらく彼以外のパイロットの分を含んだものであろう。

38

P-47D-21　42-25512　Penrod and Sam　1944年4月
ボックステッド
第56戦闘航空群第62戦闘飛行隊　ロバート・ジョンソン大尉

ロバート・ジョンソンが最後に受領した機体。担当整備員に敬意を表して、その名前をつけた[ペンロッドが整備員でサムはジョンソン自身]。ジョンソンは都合4機のP-47を乗り継いだが、うち1機はほかのパイロットが搭乗して墜落した。胴体の横にずらりと並んだ撃墜マークは圧巻だが、ジョンソンの最終戦果はこれよりさらに増えて、第一次大戦のエース、エディ・リッケンバッカーの記録を1機超えるところまでいった。そしてその時点で第8航空軍司令部から出撃を止められ、欧州戦線を去ってアメリカに引き揚げた。

39

P-47D-25　42-26628　Rozzie Geth II/Miss Fire　1944年6月
ボックステッド
第56戦闘航空群第62戦闘飛行隊
フレデリック・クリステンセン大尉

フレッド・クリステンセンが、1944年6月27日の撃墜第14号(Bf109)と、7月5日の15号(Fw190)を記録した機体。しかし彼が7月7日にJu52を一挙に6機撃墜したのは、これではなくD-21 42-25522/LM-Hだった。

40

P-47D-25　42-26413　"OREGONS BRITANNIA"/HAPPY WARRIOR　1944年6月　ボックステッド
第56戦闘航空群司令ヒューバート・ゼムキ大佐

「ハブ」・ゼムキが第56戦闘航空群を離れ、第79戦闘航空群司令として赴任する前、最後に乗ったサンダーボルト。都市の名前がついていることからわかる通り、戦時債券で献納された機体で、欧州戦線に届いたこの手のサンダーボルトとしては最後の部類に属する。ゼムキが乗って6機を撃墜したあと、ハロルド・カムストックら第56航空群のパイロットに引き継がれ、エンジントラブルで飛べなくなったP-47Mの代替機として活躍した。

41

P-47M-1　44-21117　Teddy　1945年1月　ボックステッド
第56戦闘航空群第62戦闘飛行隊　マイケル・ジャクソン少佐

このマイク・ジャクソンが受領したM型も、ボックステッド基地の他のM型と同じく長い間地上に留め置かれ、カウリングが取り外されて、調子が出ないエンジンの修理が延々と続いたに違いない。その証拠にジャクソンは1945年1月14日、これより古いタイプのP-47D-8 44-19780/LM-Jに乗って、Bf109とFw190各1機を撃墜し、彼の撃墜記録の最終仕上げをするのである(ジャクソンの最終撃墜戦果は8機)。側面に描かれたキルマークの白い方は、地上撃破(5.5機)の分。

42

P-47D-26　42-28382　"OLE COCK III"
1944年6月　ボックステッド
第56戦闘航空群第61戦闘飛行隊　ドノバン・スミス大尉

ドノバン・スミスが前線勤務中3番目に(そして最後に)受領した機体。スミスは1944年2月22日に撃墜したFw190により、最終撃墜戦果を5.5機とした。第61戦闘飛行隊長だったスミスは1945年1月10日、前線勤務を終えて本国に引き揚げたので、そのあとこの機体はひとりまたはそれ以上の「ウルフパック」のパイロットに引き継がれて、終戦まで活躍したと考えられる。

パイロットの軍装　解説
figure plates

1

第56戦闘航空群副司令デイヴ・シリング中佐
1944年3月　ヘイルズワース

オリーヴドラブのシャツとズボンを着用し、頭には黒と金で縁どりした将校用の外地用略帽、首には絹のスカーフという姿(スカーフはコクピットから身を乗り出して周囲を警戒した時代の名残で、戦闘機パイロットの万国共通のトレードマーク。首が擦れて痛くなるので絹を巻いたのが発端とされる)。靴は茶の短靴で、救命胴衣は独特の結び紐でそれとわかる1941年制定の英空軍標準タイプ。背後に吊ったB-8パラシュート(AN-6510シートパック付き)の白っぽいハーネスには、右肩の少し下のところに、救急用具を入れたジッパーつきのポーチがつく。

2

第56戦闘航空群司令「ハブ」・ゼムキ大佐
1943年12月　ヘイルズワース

濃いオリーヴドラブのシャツとズボンの上に、士官用の毛織りの短いコートを着用、靴は茶の短靴でグラブも茶のレザー。軍帽は、50回出撃を果たしたパイロットにふさわしく、天蓋の周囲の芯を抜き去ったソフトスタイル。陸軍航空隊ではこの軍帽で飛ぶことがあるので、こうしておかないとヘッドフォンが着用できない。

3

第56戦闘航空群第61戦闘飛行隊　ロバート・ジョンソン中尉
1943年10月　ヘイルズワース

頭にかぶっているのは、米軍の標準型R-14レシーバーを組込んだ英空軍Cタイプヘルメット。イギリス製のヘルメットは、レシーバー挿入部分がゴムでできているので、図でわかるように、レシーバーをテープでぐるぐる巻きにしないと固定できない。ゴーグルはB-7。ジョンソンお気に入りのA-2型革ジャケットの上に、B-3救命胴衣を着用している。

ズボンは芥子色[マスタード]のオリーヴドラブ、靴は一般兵士用で同じく芥子色、手袋は将校用のセーム革。

4
第356戦闘航空群第360戦闘飛行隊　ジェリー・ジョンソン少佐
1944年1月　マートルズハム・ヒース
左の「もうひとりのジョンソン」同様、英空軍型ヘルメットとB-7ゴーグルを着用している。ヘルメットとヘッドフォンはイギリス製だが、ジョンソンが左手にもつ差し込みプラグだけが米軍専用品で、これをアメリカ製の無線機に差し込んで通話する。ほかに酸素マスクがA-14で茶の短靴を履いている以外は、左のジョンソンと同じである。

5
第56戦闘航空群第61戦闘飛行隊長「ギャビー」·ガブレスキー大尉
1943年6月　ホースハム・セントフェイス
この薄いオリーヴドラブ(シェイド54)のシャツ、ズボンに外地略帽という組合せは、木綿地のカーキ服と違って暖かいので、寒いコクピットに長時間座る欧州戦線のパイロットたちに特に好まれた。米軍のA-2レザージャケットの上に着用しているのは1941年型英空軍制式救命胴衣。靴も英空軍の1936年型フライングブーツ。

6
第78戦闘航空群副司令ユージン・ロバーツ中佐
1943年10月　ダックスフォード
頭に外地略帽、将校用のシャツは濃いオリーヴドラブ（シェイド51)、ズボンだけが対照的にシェイド54の通称「ピンク」。カーキのタイを規則通りシャツにたくし込んでいる。シャツの左胸ポケットにピン止めした、パイロットを象徴する銀のウイングは、シャツにつける小型のもの（2インチ幅）ではなく、本来上着につけるべき大型（3インチ幅）を選んでいる。シャツの左の襟には陸軍航空隊のバッジをとめ、樫の葉の階級章を略帽の左側につけている。靴は紐で締める規定のオックスフォードスタイルではなく、市販のスリップオンタイプである。

◎著者紹介 | ジェリー・スカッツ　Jerry Scutts

1960年代末から軍用機に関する執筆活動を始める。第二次大戦の米陸軍航空隊とドイツ空軍が専門だが、ほかにも第二次大戦の米海軍水上機からヴェトナム戦争のファントム戦闘機まで、幅広いテーマで40冊以上の著作がある。本シリーズのレギュラー執筆陣のひとり。

◎日本語版監修者紹介 | 渡辺洋二（わたなべようじ）

1950年愛知県名古屋市生まれ。立教大学文学部卒業。雑誌編集者を経て、現在は航空史の研究・調査と執筆に携わる。主な著書に『本土防空戦』『局地戦闘機雷電』『首都防衛302空』（上・下）（以上、朝日ソノラマ刊）。『航空ファン イラストレイテッド 写真史302空』（文林堂刊）、『重い飛行機雲』『異端の空』（文藝春秋刊）、『陸軍実験戦闘機隊』『零戦戦史「進撃篇」』（グリーンアロー出版社刊）、『ジェット戦闘機Me262 ドイツ空軍最後の輝き』（光人社刊）など多数。訳書に『ドイツ夜間防空戦』（朝日ソノラマ刊）などがある。

◎訳者紹介 | 武田秀夫（たけだひでお）

1931年生まれ。東京大学工学部機械工学科卒業。日野自動車を経て本田技術研究所に入社、F1と各種乗用車の設計開発に従事し、1990年退職。F1の軽量化のために研究したことが、航空機への関心の発端となった。訳書に『ハイスピードドライビング』『F1の世界』『ポルシェ911ストーリー』（いずれも二玄社刊）などがある。現在東京都内に在住。

オスプレイ・ミリタリー・シリーズ
世界の戦闘機エース **12**

第8航空軍の
P-47サンダーボルトエース

発行日　2001年8月10日　初版第1刷

著者　ジェリー・スカッツ

訳者　武田秀夫

発行者　小川光二

発行所　株式会社大日本絵画
〒101-0054 東京都千代田区神田錦町1丁目7番地
電話：03-3294-7861
http://www.kaiga.co.jp

編集　株式会社アートボックス

装幀・デザイン　関口八重子

印刷/製本　大日本印刷株式会社

Printed in Japan
ISBN4-499-22757-7　C0076

P-47 Thunderbolt Aces
of the Eighth Air Force
Jerry Scutts
First published in Great Britain in 1998,
by Osprey Publishing Ltd, Elms Court,
Chapel Way, Botley, Oxford, OX2 9LP.